DIE GROSSEN FORD

KOMFORT VOM RHEIN

26M · CONSUL & GRANADA · SCORPIO

Alexander F. Storz

Impressum

Einbandgestaltung: Luis dos Santos,
unter Verwendung von Motiven der Ford AG.

Bildnachweis und Dank: Jens-Peter Berthmann, Wolfgang Diem (7), Frank Dolz (2), Christian Fries (7), Rainer Gliss (2), Gerhard Lebek (5), Peter Michels, Jean-Christophe Mounoury via Renault-Deutschland (1), Alexander Franc Storz (27), Archiv Ford – Klaus Stollenwerg (12), Ghia – Archiv Ford (1), Hyundai Motor Deutschland – Bernhard Voß (3), Automobili Lamborghini (1), Archiv Storz (188).

ISBN 978-3-613-04369-5

2. Auflage 2024

Sie finden uns im Internet unter WWW.MOTORBUCH-VERLAG.DE

Lektorat: Joachim Hack
Innengestaltung: Markus Köllmann, tebitron gmbh
Druck und Bindung: Conzella, 85609 Aschheim-Dornach
Printed in Germany

DIE GROSSEN FORD

KOMFORT VOM RHEIN

26M · CONSUL & GRANADA · SCORPIO

Alexander F. Storz

Motor
buch
Verlag

Inhalt

Anlieferung auf einem Autotransporter mit Kässbohrer-Aufbau: Lauter Neuwagen des Jahrgangs 1974, vier Ford Consul, ein Taunus, zwei Audi 80 und ein VW Passat.

Einleitung

Hätte Rubens je ein Automobil gemalt, so würde es aussehen wie der erste Ford Granada. Doch der flämische Barockmaler (1577–1640) konnte natürlich nichts von Autos wissen. Aber wäre sein Berufswunsch gewesen, Autodesigner zu werden, und wäre dieser in Erfüllung gegangen, so hätte er den 1972er Ford Consul/Granada gezeichnet. In ihm herrscht so viel Hülle und Fülle vor, so viel weltliche Sinnlichkeit, so viel formaler Überfluss wie in Rubens' berühmten Darstellungen. Dagegen der Erzrivale Opel Rekord: nüchtern, vernünftig, freudlos. Aber eben sehr deutsch, weswegen die deutschen Käufer ihm stets den Vorzug gaben. Dem ausländischen Automobilgeschmack, allen voran dem britischen, entsprach der Granada und sein einfacher ausgestatteter Bruder Consul vollkommen, und die Briten erhoben ihn zur Statue – damals als aktuellen Wagen wie heute als Klassiker. Der erste Granada ist die Automobil gewordene Allegorie auf den Wohlstand der frühen 1970er-Jahre, als die Konjunktur boomte, als die Kasse klingelte, als die Deutschen zeigten, was sie sich leisten konnten. Nach der alles umwälzenden Ölkrise 1973/74 wendete sich das Blatt, wendete sich das automobile Verständnis, wendete sich die Fortune des Granada. Aber Ford hielt bei der zweiten Generation ab Herbst 1977 an seiner ausladenden Größe fest.

Der Nufenenpass in der Schweiz im Hochsommer, im Juli 1980. Beide Autos waren damals schon in den Jahren, der rechte Granada Fastback von 1972 und der linke Consul L als zweitürige Limousine von 1973/74. Jünger ist der Fiesta im Hintergrund mit fetzigem Streifen und großem »S«.

Überschaubare Technik, vor allem mit vier Augen überschaubar. Ein Wagen aus Vor-Computer-Zeiten, alles analog. Dieses Exemplar ist seit 1989 im Besitz des Autors...

Familienwagen: Granada 2.0 GL mit serienmäßigem Schiebedach mit Hebefunktion, breiter Schwellerzierleiste und Schmutzfänger aus dem Zubehörhandel. Das Mädchen dürfte heute knapp 50 sein.

...und dieses seit 1991. Überführung des Turnier nach Dornröschenschlaf im Allgäu in seine neue Heimat. Er hat schon seine Radkappen, keine Sorge. Sie sind nur des Verzurrens auf dem Trailer wegen abgenommen.

Der Ford Granada war ein gut konstruierter Wagen, alles andere als »mehr Schein als Sein«. Im Gegensatz zum Opel verfügte er über ein modernes Fahrwerk mit vier unabhängig aufgehängten Rädern, und er machte den Sechszylindermotor in einer Klasse populär, die sich zuvor eher mit vier Töpfen zu begnügen hatte. Aber er war in keiner Weise konstruktiv herausragend. Dafür aber auch nicht divenhaft. Ein Ford Granada jeglichen Baujahrs war ein Wagen, der Platz bot (aber auch Platz auf der Straße beanspruchte). Er war das Auto für diejenigen, welche in gründerzeitlichen Häusern mit drei Metern Deckenhöhe lebten. Wer den Neubau mit 2,60 m hohen Wänden bevorzugte, kaufte einen Opel. Im Ford hatten fünf Personen so viel Platz, dass sie damit aasen konnten, dass sie sich darin aalen konnten. Im Opel mussten sie zusammenrücken. Platz im eigenen Auto zu haben, also ein Refugium im öffentlichen Verkehrsgeschehen, ist mit Freiheit korreliert, mit Luft zum Atmen, mit Weitblick, mit Distanz zum Außenraum. Das bietet der Granada. Für diese Größe, diesen Überfluss, wurde er von den einen gescholten und von den anderen geliebt.

Als Kultmobil brachte es der Granada sogar auf das Cover einer Single, Silver Whale von Instant Karma (1996), und der gehörnte, stratosilberfarbene Wagen hat schon etwas von einem »silbernen Wal«.

Im Dienste des historischen Motorsports: Granada 2.8 Injection Turnier in knalligem Orange als ONS-Streckensicherungsfahrzeug beim Oldtimer-Grand-Prix auf dem Nürburgring 1984.

Im winterlichen Alltagsbetrieb: Granada '82 Turnier im tief verschneiten Wintersportort. Hier akzeptiert, ja hier wünscht sich der Autofahrer eine geschlossene Schneedecke. Überall sonst verflucht er sie.

Dieses Buch ersetzt kein Schrauberhandbuch. Wer schrauben will, benötigt Schrauberliteratur, und allem voran benötigt er das Ford-interne Werkstatthandbuch für seinen Ford-Typ, möglichst mit den regelmäßigen Updates versehen. Im Bild die erste Consul/Granada-Ausgabe von 1972.

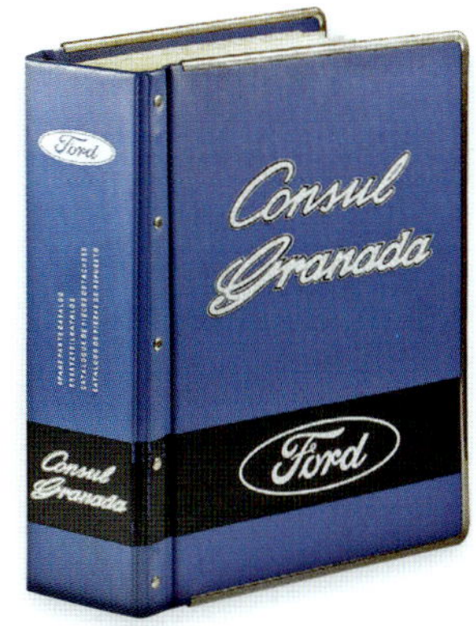

Nicht umsonst entdeckten die Deutschtürken den Ford Granada für sich. Sie brauchten viel Platz für viele Kinder und lange Reisen an den Bosporus. Als »Türkenford« war er verschrien, nachdem er ins Alter des preiswerten Gebrauchtwagens gekommen war. Das tat seinem Renommee vordergründig nicht gut, und wer dies sagte, meinte es auch diskreditierend. Aber letztlich wussten die Türken ganz einfach, was gut ist. Sie nahmen jeden Sommer einen anderen Gebraucht-Granada mit in die Heimat, die Granada-Population in der Türkei war riesig, und die Wagen hielten dort ewig. Noch heute gibt es in der Türkei Alltags-Granadas, aber auch Granadas als Szene-Fahrzeuge. Und sie alle haben deutschsprachige Bedienungsanleitungen, denn sie alle verbrachten ihr erstes Leben in Westdeutschland.

In Deutschland ist die Ford-Klassikerszene weit weniger ausgeprägt als die Opel-Szene. Der Autor weiß das selbst am besten. Er verfasste bereits viele Bücher mit Opel-Themen, aber bislang erst eines über Ford. Nun gönnt er sich den Granada. Einer langen Liebe ist dies entsprungen. Den ersten Einser-Granada fuhr ich als Winterauto anno 1986/87 und war so begeistert von ihm, dass ich mir 1989 einen richtig guten kaufte, nunmehr als Sommerauto. Ihn fahre ich noch heute, also seit über 30 Jahren, und 1991 kam noch ein 1976er Turnier hinzu. Er leistet der Limousine seither Gesellschaft in der Garage.

Die Typenchronik nähert sich dem Ford Consul und Granada beider Generationen rein historisch, auch ein wenig soziologisch, aber keinesfalls profund technisch. Dafür gibt es Reparaturhandbücher und Ersatzteilkataloge. Dies ist kein Schrauber-Buch. Vielmehr ordnet es den Granada in seine Zeit ein, begleitet ihn von 1972 bis 1985 in all seinen Facetten, lässt seine Evolution Revue passieren und blickt auch über die rein Kölner Aktivitäten hinaus: der britische Granada, überhaupt die Granada-Produktion im Ausland mit ihren Eigenheiten, zeitgenössisches Tuning vom Turbo bis zur Implantation eines V8-Motors, die verlängerten Limousinen von Coleman Milne, Werks-Sondermodelle und Einzelstücke der Karosseriebaukunst, Designstudien und sogar ein Amphibienfahrzeug mit Granada-Genen sollen diesen großen und großartigen Ford dem Leser näher bringen. Umrahmt wird das Ganze vom Vorgänger P7b, und auch die Beweggründe, weshalb die Türken so sehr mit dem Granada verbunden sind, werden beleuchtet. Ausblick ist ein Kapitel über den Ford Scorpio, der mit allen Granada-Traditionen brach, nicht aber mit der Ford-Tradition, einen großen Wagen im Programm zu haben. Der Scorpio ist der letzte große Ford.

Das Fotomaterial setzt auf zeitgenössische Aufnahmen, Werks- und Privatfotos. Sie sind dokumentarisch. Auf aktuelle Fotos restaurierter Fahrzeuge wird verzichtet. Diese Fahrzeuge glänzen zwar durch ihre neuen Lacke und ihren polierten Chrom schön, aber letztlich sind sie nicht authentisch. Original ist, was als Neuwagen oder als Gebrauchtwagen auf der Straße fotografiert wurde. So sahen sie aus, die Granadas, als sie noch das Bild der Straße prägten.

Ulm, im November 2020
Alexander Franc Storz

Der Einser-Granada

Ein neuer, großer Ford war Anfang der 1970er-Jahre ein Thema – sogar über die automobilen Kreise hinaus. Heute ist der große Ford kein Thema mehr, denn es gibt keinen großen Ford mehr, und gäbe es noch einen, so wäre er ebenso wenig allgemeiner Gesprächsstoff wie es überhaupt neue Autos im positiven Sinn nicht mehr sind. Die Zeiten ändern sich...

Eine Limousine der gehobenen Mittelklasse ist heute fast schon ein Nischenprodukt, und die drei deutschen Premiumhersteller haben alle Mitbewerber weggebissen – von ganz wenigen Ausnahmen abgesehen, die zumindest in Europa kaum eine Rolle spielen. Einen Opel in dieser Klasse gibt es seit dem letzten Omega nicht mehr, einen Ford seit dem letzten Scorpio erst recht nicht. Beide haben gekämpft und letztlich verloren. In den 1970er-Jahren war das anders, die automobile Klassengesellschaft war anders, auch das Standesbewusstsein der Käufer. Ein Ford 20m, ein Opel Commodore, sie hatten Mercedes- und BMW-Größe, ohne deren Reputation zu besitzen. Die Welt war einfacher, die Menschen ließen sich nicht nur leichter einordnen, sie ordneten sich auch freiwillig ein. Ein Mercedes ist ein Arbeitgeberauto. So lautete damals die geläufige Ansicht, und man fügte sich in die Standesgrenzen. Ein leitender Angestellter hätte sich dank guten Gehalts durchaus einen Mercedes Strich-Acht leisten können, tat dies aber nicht, weil es sich nicht ziemte, ein Auto der gleichen Marke zu fahren wie der Chef.

So hatte der große Ford absolut seine Daseinsberechtigung. Er war das Erstrebenswerte für den Mittelstand. Kein Chefauto, aber dasjenige des leitenden Angestellten, des gut verdienenden Facharbeiters, des selbständigen Handwerkers. Nicht unbedingt ein Akademikerauto. Die Individualisten unter den selbständigen Akademikern fuhren gleichfalls Wagen passenden Zuschnitts, einen Citroën, einen Ro 80, manchmal auch einen Volvo oder sogar einen Rover. Die anders gestrickten Akademiker empfanden den üblichen Mercedes oder BMW als statusgerecht, während die Nonkonformisten und alternativ Denkenden unter ihnen gern mal Autohasser waren und sich allenfalls mit einer Ente oder einem R4 vom Fleck bewegten.

Weder der Wagen selbst noch der Fahrer mit Krawatte passt zur Dynamik einer Fortbewegung. Ein Ford 17m P7a war kein wirklich sportliches Fahrzeug.

Die peinlichste Lufthutze, seitdem es »Fake-Hutzen« gibt, trägt der Ford 20m P7a. Denn darunter befand sich rein gar nichts. Aber sie sieht cool aus. Und mit 2,3 Litern und 108 PS ist der 20m TS durchaus angemessen motorisiert.

17m P7a Coupé in Hardtop-Bauweise, das heißt, es gibt keine bis zum Dach durchgehende B-Säule, die Türen sind rahmenlos und alle vier Seitenscheiben lassen sich per Kurbel komplett versenken. Sehr amerikanisch, aber auch sehr luftig.

Ein neuer großer Ford war also ein Thema, damals, im März 1972, als Consul und Granada auf dem Genfer Salon erstmals der Öffentlichkeit präsentiert wurden. In Deutschland hatte das Paar mit den beiden Namen den Ford P7b abzulösen, 17m, 20m und 26m. Das waren eher ungeliebte Fahrzeuge, und das Einzige, was von Fachleuten nicht an ihnen kritisiert wurde, waren ihre Motoren. Die waren gut und wurden weitgehend für die neue Generation übernommen. An der Karosserie ließen diejenigen, die es wissen mussten und zu wissen meinten, kaum ein gutes Haar, allenfalls das Platzangebot wurde gelobt. Aber sonst...

Der Ford P7a geriet zum kleinen Amerikaner, weil Henry Ford einen amerikanischen Entwicklungsvorstand an den Rhein geschickt hatte, um für Fahrzeuge internationalen Zuschnitts zu sorgen. Und international bedeutete nach amerikanischem Duktus: Die neuen Wagen hatten sich am amerikanischen Geschmack zu orientieren. So geriet der Nach-

Mattschwarzer Grill mit Zusatzscheinwerfern, Sportstahlfelgen, optional sogar verchromt, und ein breiter »go-faster«-Streifen an den Flanken: Zu P7a-Zeiten war das 20 m RS Coupé mit 2,3 Litern das Topmodell der Baureihe. Zu dieser Version passt noch am ehesten die Lufthutze auf der Motorhaube.

P7a-Armaturenbrett wie in einem Straßenkreuzer en miniature, hier im 20m: Rundinstrumente mit eckiger Abdeckung, und das ganze Interieur konnte in Karosseriefarbe bestellt werden – im radikalsten Falle ein türkismetallicfarbener Wagen mit türkismetallicfarbener Innenausstattung.

Irgendwie hatte er mit der »Olympia-Park-GmbH« zu tun, dieser 17m P7b Turnier, denn sonst dürfte er nicht so prominent vor dem eben fertig gestellten Münchner Olympia-Stadion parken. Aufnahme 1972.

Extrem selten: Das Karosseriewerk Deutsch in Köln fertigte angeblich 17 Cabriolets auf Basis des Ford P7a, im Bild ein fabrikneuer 20m.

folger des beliebten P5 unter dem neuen Mann in Köln, John Leslie Hoover, zum Straßenkreuzer en miniature: einfache Technik, viel Blech fürs Auge, außen und innen größer als bisher. Im August 1967 debütierte der P7a (ursprünglich nur P7 geheißen, aber zur Unterscheidung von seinem Nachfolger mit derselben Projektnummer im nachhinein P7a genannt). Er hatte wie der P6 einen Hüftschwung im »Coke bottle styling«, aber unterm Blech hatte sich gegenüber dem Vormodell herzlich wenig getan, Ford war der hinteren Starrachse an Blattfedern treu geblieben. 17m und 20m unterschieden sich nur in Details. Am meisten echauffierten sich die Fachleute über die starre Hinterachse, die nicht vorhandene Sicherheits-Lenksäule und den total verspielten Innenraum: Die Rundinstrumente sitzen tief verborgen in rechteckigen Höhlen, Lenkrad und Armaturenbrett sind in Interieurfarbe gehalten und diese wiederum korrespondiert mit dem Karosserielack. So gab es türkismetallicfarbene Fahrzeuge mit ebensolchem Interieur, und wer's rot liebte, orderte sein Auto innen und außen in der Lieblingsfarbe, inklusive rotem Lenkrad. Über die funktionslose Lufthutze auf der 20m-Motorhaube ergossen sich Häme und Spott.

Ford musste rasch handeln und präsentierte nach nur zwölfmonatiger Bauzeit und 155.780 hergestellten Fahrzeugen einen renovierten Nachfolger, den P7b. Er war keine Neuheit im eigentlichen Sinne. Um den bisherigen P7a nicht völlig in Ungnade fallen zu lassen, behielt Ford die interne Bezeichnung P7 bei. Dennoch: Ford hatte gelernt, und mit möglichst geringem Aufwand wurden viele Kritikpunkte des P7a beim P7b ausgemerzt. Kein neuer Wagen, aber viel mehr als nur ein Facelift: Die Karosserie präsentierte sich im August 1968 geglättet ohne Hüftschwung, die Starrachse bekam Längslenker, die antiquierte rigide Lenksäule blieb jedoch. Die verspottete Lufthutze musste weichen. Ein 1,8-Liter-V6 ergänzte das Angebot.

Vom Hüftschwung befreit: P7b als 17m in Luxusausstattung. Der 17m wurde hauptsächlich zwei-, der 20m eher viertürig bestellt. Dieses Exemplar trägt ein Vinyldach.

Viertüriger 17m P7b mit Metalliclack und Radzierkappen, aber ohne Luxusausstattung, denn sonst trüge er Radlaufchrom.

Als P7b trug der 17m RS silbern lackierte Sportstahlfelgen, die verchromten blieben dem 20m RS vorbehalten. Die Zusatzscheinwerfer im Grill gehören zum RS-Paket, die Doppelscheinwerfer hingegen steuerte ein 26m bei. Der Wagen ist auf dem Foto schon ziemlich alt, Aufnahme 1981.

Mit dem voll ausgestatteten 26m wagte sich Ford in höhere Sphären, er gilt als der eigentliche Vorgänger des Granada, insbesondere der Ausstattungsvariante GXL. Der 17m wurde eher als Zweitürer, der 20m als Viertürer mit gehobener Ausstattung (sie hieß nun XL) geordert, beide gab es auch als Hardtop-Coupé und Turnier. Der P7b war keine Meisterleistung, aber ein rundum gutes Allroundauto, litt aber unter dem Image des Vorgängers. Da halfen auch Motorsporteinsätze wie die Teilnahme an der Rallye London-Sydney nicht, einem Marathon der Superlative: 16.700 Kilometer durch elf Länder in 24 Tagen. Bei der 1968er London-Sydney starteten drei 20m RS P7b des Kölner Werksteams unter Ford-Rennsportleiter Jochen Neerpasch. Der 2,3-Liter-Motor war auf 155 PS getrimmt worden, die Karosserien waren abgespeckt, verstärkt und mit einem Überrollbügel stabilisiert, massive Rammschutze ersetzten die Chromstoßstangen, ein Bilstein-Fahrwerk machte die Limousinen fit für Geröll- und Schotterpisten. Ein Wagen schied in der Wüste Afghanistans

Das Schöne am Ford-Baukasten war damals, dass alles mit allem kombiniert werden konnte, die einfachste Ausstattung mit dem stärksten Motor. Die Typbezeichnung ist Indikator für den Hubraum. Es gab den Ford 17m, 20m und 26m. Aber es gab keinen 18m und keinen 23m. Und auch keinen 30m, obgleich der englische 3-Liter-Essex-Motor im 20m in Südafrika verbaut wurde.

mit einem technischen Defekt aus. Lange glaubte Ford an einen Gesamtsieg, doch der in Führung liegende 20m hatte 220 Meilen vor dem Ziel einen Defekt. Andrew Cowan auf Hillman Hunter siegte; das Team Kleint/Klapproth holte auf 20m TS den siebten Platz.

Ende der 1960er-Jahre gab es eine signifikante Wirtschaftsdelle in Deutschland, ausgerechnet in der Zeit, als der »Vater des Wirtschaftswunders«, Ludwig Erhard selbst, Kanzler war. 1967 fiel, erstmals seit dem Krieg, das gewohnte Wirtschaftswachstum aus, die Arbeitslosenquote stieg auf 2,2 Prozent, die Preise kletterten, Kredite wurden teurer, Investitionen gingen deshalb zurück, die Bundesregierung beschloss ein Sparprogramm. Opel und Ford waren besonders betroffen, am meisten Ford, denn das Modellprogramm war nicht gerade attraktiv. Speziell der P7b stand sich auf Neuwagenhalden die Reifen platt, der Escort, zwar neu, aber mit seiner pummeligen Form nicht dem deutschen Geschmack entsprechend, war kein Erfolg. Ford war im Tal der Tränen, aber der Capri wurde 1968 zum »instant hit«, und er war es, der wieder Interessenten in die Ford-Verkaufsräume lockte. So mancher, der kam, ging zwar nicht mit einem Capri nach Hause, aber mit einem 20m. So hangelte sich Ford durch bis 1970. Mit dem P6-Nachfolger Taunus hatte Ford wieder einen gut verkäuflichen Wagen, und auf den Consul/Granada als P7b-Nachfolger setzte Köln große Stücke. Er war, ebenso wie der Transit, Capri und Taunus, eine gemeinschaftliche Entwicklung von Ford Deutschland und Ford England.

Sehr gediegen: Ford 26m mit Pariser Kennzeichen. Er trägt die 20m-Radkappen mit Radzierringen, nicht die ihm vorbehaltenen, aus England stammenden großen Radvollblenden mit Speichenattrappen.

17m P7b Lieferwagen, eine Seltenheit auf deutschen Straßen. Wer hier etwas zu transportieren hatte, griff zum Transit oder VW Bulli. Dabei hat ein Pkw-Lieferwagen durchaus Vorteile. Der P7b war der letzte große Ford dieses Genres, auf Granada-Basis gab es das nicht mehr.

Nicht so selten wie das P7a Cabriolet, aber auch selten: Das Deutsch-Cabriolet auf P7b-Basis, im Bild ein vierzylindriger 17m.

Im nächsten Jahr engagierte sich Ford Deutschland bei der ebenso harten und Material mordenden East African Safari Rallye im April 1969 durch Kenia. K-LS 521 sah zwar nicht mehr neuwertig aus, aber die deutlichen Unfallspuren änderten nichts am Sieg.

Die Teilnahme an der berüchtigten 16.700-Kilometer-Rallye London-Sydney 1968 brachte sowohl dem deutschen Ford-Werk als auch dem P7b einen gehörigen Popularitätsschub – zumal Dieter Glemser und seinem Co Martin Braungart der Sieg scheinbar kaum mehr zu nehmen gewesen war. Bis eine Kleinigkeit in Afghanistan kaputtging, und Andrew Cowan im Hillman Hunter gewann. Im Bild der 20m RS von Herbert Kleint und Günther Klapproth, der auf Rang 7 kam. Auch Gilbert Staepelaere und Simo Lampinen im dritten 20m RS kamen ins Ziel, Rang 16.

In Großbritannien ersetzte das Paar Consul/Granada das Trio Zephyr/Zodiac/Executive Mk IV, dort seit 1966 gebaut. Im Bild ein Zodiac Mk IV, also gehobene Ausstattung, so wie der Granada.

1
EAST AFRICA
K-LS
Castrol

Robin C. Hillyar und John »Jock« Aird, die beiden Kenianer, steuerten den Ford 20m RS 2,3 Liter auf Rang 1, Bengt Söderström und Gunnar Palm fielen aus.

Ein Dreivierteljahr vor der Präsentation erschienen in Mot vom 26. Juni 1971 erste Zeichnungen, und der Illustrator traf den Wagen sehr gut, proportional, dimensional...

Spekulationen: Der Granada nähert sich

Eine völlige Neukonstruktion. Lediglich die Motoren wurden vom Vorgänger übernommen. Ansonsten teilt der Granada und seine einfachere Version Consul kein nennenswertes Teil mit dem Ford P7b. Auch nicht den Namen. Den 17m ersetzte der Consul, den 20m und 26m der Granada. Selbst die interne Projektnummer ist nicht in der bisherigen Folge der (deutschen) Projekte P2 bis P7b zu sehen – zumal Consul/Granada ja keine ausschließlich deutschen Entwicklungen sind.

Erste Prototypenfotos erhaschten die professionellen Erlkönigjäger ein Jahr vor der Präsentation, abgebildet beispielsweise in Mot vom 3. April 1971, wo wild über die Neuen von Ford und Opel spekuliert wurde. Zwei Monate später wusste Mot, dass der Neue »Granada« heißen würde, Zeichnungen wurden veröffentlicht, und das Spekulieren ging weiter. Mot war damals der Ansicht, die kleineren Modelle würden weiterhin die bisherige Blattfeder-Starrachse tragen, während die Sechszylinder eine Schräglenker-Hinterachse bekämen. Den größeren Versionen bescheinigte die Zeitschrift auch Doppelrundscheinwerfer à la 26m. Dennoch zeigten die Zeichnungen erstaunlich genau, proportional und dimensional, wie der spätere Consul/Granada aussehen wird.

Im August 1971 waren die von Erlkönigfotograf Hans G. Lehmann geschossenen Fotos bereits schärfer, Ford schirmte sich weniger ab, die Infos wurden genauer, dem 3-Liter-V6 wurden »ca. 150 PS« zugetraut und der gesamten Baureihe die neue, unabhängige Hinterradauf-

...und er kannte sogar schon die Unterschiede zwischen Consul- und Granada-Grill. Die Hecklinie beim Turnier stand jedoch tatsächlich etwas steiler als in der Zeichnung vermutet.

Unzählige Tests durchlief der Wagen auf dem Weg zur Serienreife, hier in der Kältekammer.

hängung zugeschrieben. Der Stern zeigte im Juli 1971 fast serienfertige Wagen, fotografiert an der Südküste Norwegens, »in vollem Glanz, mit Zierleisten und Radkappen«, nahm aber noch an, es werde eine zweitürige Stufenheck-Limousine geben. Die Fastback-Version wertete der Stern als Coupé. Im Januar 1972 identifizierte Auto Motor Sport den Genfer Salon als Präsentationstermin, wusste, dass der 17m-Nachfolger Consul heißen würde und zeigte erstmals die Zweitürer-Limousine mit Fastback, die als »Trumpf contra Opel« bezeichnet wurde. Die ausländischen Medien waren genauso schlau, denn Lehmann verkaufte ihnen dieselben Fotos. L'Auto Journal aus Frankreich sprach im Sommer 1971 angesichts der Hinterachse von »une révolution à Cologne«. Damals war Prototypen-Berichterstattung noch sehr wichtig. Die automobile Männlichkeit und alle Jungs zwischen 8 und 18 verschlangen

Kernspintomographie: Konventionelles Layout, modernes Fahrwerk. Endlich saß das Reserverad seitlich und nicht mehr parallel zur Rücksitzlehne. Beim P7 musste der komplette Urlaubskrempel raus, wenn man einen Platten hatte.

Gut zu sehen die neue Hinterradaufhängung, mit einem Hilfsrahmen zu einem Fahrschemel zusammengefasst.

derartige Neuigkeiten geradezu. Zuhause beim Abendessen sprach man über den neuen Ford, und was der Vater noch nicht wusste, wusste der Sohn. Eine oder mehrere Autozeitschriften waren damals Pflichtlektüre. Ebenso wie eine Tageszeitung. Schöne Zeiten...!

Genf 1972: Ein unspektakulärer Salon

Auf dem Genfer Salon zwischen dem 5. und 25. März 1972 drehte sich der Ford Consul/Granada im Rampenlicht. Es war nicht gerade der herausragendste Genfer Salon, was die Neuheiten betrifft. Neben dem großen Ford gehörten die 4,5-Liter-Modelle der Mercedes S-Klasse zu den Knüllern, Lotus zeigte den Esprit als Studie, Lamborghini versprach Serienreife für den Countach, Maserati für den Khamsin, und der Monteverdi Hai war kurz davor. Darüber hinaus konstatierte die schweizerische Automobil Revue anlässlich des Salons eine neue Buggy-Welle für Europa. Der Consul/Granada war also eine der wenigen »wichtigen« Neuheiten des Salons in jener Kategorie, die später in großer Serie über die Straßen rollen sollten, und wurde entsprechend von den Medien gewürdigt. Zeitgleich zur Präsentation gab es für die jungen Ford-Fans zwei Modelle von Gama im Maßstab 1:45, einen viertürigen Granada GXL in Anthrazitmetallic mit schwarzem Dach und einen zweitürigen roten Consul GT in spezieller Werbeverpackung, von Ford in Auftrag gegeben und nur bei Ford erhältlich. Die Miniatur durfte erst nach Sperrfrist in den Spielwarenhandel, und dann in anderen Farben.

Miniaturen für die Jungs: Ford gab beim Fürther Spielzeugautohersteller Gama zwei Modelle im Maßstab 1:45 in Auftrag, den viertürigen Granada und den Fastback als Consul GT.

Radikal und provokativ bis zum Exzess: Der Lamborghini Countach war der Star des Genfer Salons 1972, im Prototypenstadium in knallroter Lackierung präsentiert. Im Herbst 1973 machte der nächste Versuchsträger, nunmehr grün lackiert, den Besuchern des Pariser Salons den Mund wässrig. 1974 stand in Genf endlich der verkaufsfertige Lamborghini Countach LP 400.

Volumenmodell: viertüriger Consul L, hier mit optionalen Sportstahlfelgen.

Consul und Granada: Beeindruckend und reputierlich

Ford sprach bei der Präsentation von 500 Millionen D-Mark Entwicklungskosten und begründete die zahlreichen Erlkönigfotos, die im Vorfeld geschossen wurden, damit, dass der Wagen wie kaum ein anderer auf öffentlichen Straßen getestet worden sei. Consul und Granada tragen dieselbe Karosserie, aber unterschiedliche Motoren und Ausstattungen. Zu Beginn gab es drei Karosserieversionen: die Viertürer-Limousine, den zweitürigen Fastback, der die Zweitürer-Limousine ersetzen sollte und nicht als Coupé gedacht war, sowie den viertürigen Turnier. Beim Fastback mit seiner um 2,4 cm niedrigeren Dachlinie sprach Ford von »mehr Pfiff«. Keine neuen Motoren. Consul: 1,7-Liter-V4 mit 75 PS, 2-Liter-OHC-Reihenvierzylinder (in Deutschland ursprünglich für den amerikanischen Ford Pinto gebaut, erstmals in einem deutschen Ford im Einsatz) und der 2,3-Liter-V6, bekannt aus dem 20m. Granada: derselbe 2,3-Liter-V6, mit mehr Hubraum als 2,6-Liter (aus dem 26m) und die britische 3-Liter-Essex-Maschine mit 138 PS. Das Layout ist konventionell (aber zur damaligen Zeit nicht konservativ), vorne doppelte Dreiecks-Querlenker, hinten eine völlig neue Schräglenker-Hinterachse, beide mit einem Gummi isolierten Hilfsrahmen zu einem Fahrschemel zusammengefasst. Die Karosseriegröße erlaubte ein Breitspurfahrwerk (mit 153,7 cm 12,3 cm breiter als beim P7 und in seiner Klasse die breiteste Spur überhaupt), gepaart mit neuer Zahnstangenlenkung und – ganz wichtig nach den Schmähungen beim P7 – Sicherheitslenksäule. Vorne Scheibenbremsen, hinten Trommeln, Viergang-Mittelschaltung, auf Wunsch Dreistufenautomatik und Servolenkung (Serie beim GXL). Das ist alles moderner Stand der Technik im Jahre 1972 gewesen (allenfalls hätten hintere Scheibenbremsen schon sein dürfen), aber in keiner Weise innovativ.

Die Karosserie: groß und anders. Ein beeindruckender Wagen mit reputierlicher Breite (179,1 cm), was durch die weit außen liegenden Räder unterstützt wird, Kritiker konnotierten die Größe mit Imponiergehabe; wer dem Wagen wohlgesonnen war, lobte den immensen Innenraum und die Tatsache, dass viel Blech viel subjektive Sicherheit vermittelt. Es war der immerwährende und nie endende Vergleich zwischen Opel und Ford, und der zeitgleich erschienene Opel war fragiler, handlicher, kleiner, vielleicht deutscher als der ausladende Ford mit seinem einladend großen Innenraum. Das Raumgefühl im Granada (und wenn wir Granada sagen, so meinen wir auch den Consul) war auf dem Niveau der Mercedes S-Klasse und übertraf in der Breite all seine Mitbewerber. Im Granada herrschte ein Raumgefühl vor, und Raum hat viel mit Freiheit zu tun. Der Granada war ein wahres Familienauto, und eine Urlaubsfahrt von Papa, Mama und drei Kindern von Garmisch an die Nordsee war keine Qual – auch dank des immensen Kofferraums, denn des Granada »dicker Hintern« garantierte Volumen ohne Ende. Der Opel hatte einen kleineren Innen- und Kofferraum, war härter gefedert, agiler, verbrauchsgünstiger – eben ein anderes Auto für eine andere Klientel. Wer einen Granada wollte, wäre mit dem Rekord unglücklich gewesen und umgekehrt. Der Granada ist zwar breit und gehörte zu seiner Zeit zu den großen Autos, aber in der Länge baute er relativ kompakt (15 cm kürzer als der Vorgänger, überdies 6,5 cm niedriger). Das heißt, ihn längs zu parken, ist einfach. Aber in so mancher Garage wurde es eng (vor allem für einen Zweitürer mit seinen besonders langen Türen). Großer Fortschritt: Das Reserverad in einer Mulde links im Kofferraum stehend.

Wer ist für das Styling verantwortlich? Uwe Bahnsen arbeitete von 1958 bis 1986 als Designer bei Ford Deutschland, und in seiner Zeit entstanden der Granada I und II, aber nur für das Styling der zweiten Generation ist er allein verantwortlich. Bei Ford herrschte ein Zuständigkeitswirrwarr, vor allem bei Gemeinschaftsentwicklungen wie dem Taunus/Cortina, dem Capri, dem Granada und dem Transit. Es gab ein

Consul L mit Fastback-Karosserie an der Autobahntankstelle. Die Kunden sahen in ihm ein Coupé, aber keinen Ersatz für die Zweitürer-Limousine.

Für den arrivierten Handwerker: Consul Turnier in Basisausstattung. Bis 1974 trugen alle Consul und Granada die vier Buchstaben F O R D auf der Motorhaube.

Neuwagen auf dem Händlerhof: hellroter Consul 3000 GT, im Hintergrund ein Ford 17m P7b, links ein Opel Manta A SR in Kriegsbemalung.

britisches Designzentrum und ein deutsches und beide beanspruchten für sich die Hoheit über den Autogeschmack – der allerdings in Großbritannien deutlich anders war als in Kontinentaleuropa und überdies letztendlich von der Konzernmutter in den USA diktiert wurde. Und weil die Kompetenzstreitereien zwischen Köln und Dagenham nicht ausreichten, war als übergeordnete Instanz 1967 auch noch Ford of Europe mit Sitz in London gegründet worden. Es sollte für Einklang zwischen Köln und Dagenham sorgen und war seinerseits Detroit unterstellt. Während General Motors seine beiden europäischen Töchter Opel in Deutschland und Vauxhall in England damals noch weitgehend unabhängig voneinander agieren ließ, versuchte Henry Ford II, Ford Deutschland und Ford England zu synchronisieren. Der britische Zweig hatte für die Konzernzentrale allerdings den größeren Stellenwert: Mitte/Ende der 1960er-Jahre war Ford-UK mit 60.000 Beschäftigten und 600.000 verkauften Autos jährlich sowie einem Heimatmarktanteil von 25 Prozent bedeutender als Ford in Köln. Außerdem gab es keine Sprachbarriere. Zuständig bei Ford of Europe für die gemeinsame Entwicklung neuer Fahrzeuge war John Lesley Hoover, zuvor Entwicklungsvorstand in Köln, nun Vizepräsident bei Ford of Europe. Unter seiner Ägide entstand der Granada.

Zu Granada-Schöpfungszeiten war Duncan McRae im Kölner Stylingstudio ein angesagter Mann, er machte aus dem P7a den P7b und arbeitete ab 1968 an dessen Nachfolger, ging aber 1969 zu Ford nach Australien. Ebenfalls mit dem Projekt Granada beschäftigt war Hans A. Muth (1965 bis 1971 Designer bei Ford in Köln). Und dann war da noch Ercole Spada, Designer so mancher in Erinnerung gebliebener Pretiosen wie Alfa Junior Zagato oder BMW 7er E32 und 5er E34. Er war zwischen 1969 und 1976 Chefdesigner der Carrozzeria Ghia und stand somit in Ford-Diensten. Auch von ihm stammen Entwurfsskizzen und Vorschläge. So klar es ist, dass Uwe Bahnsen der Schöpfer des Granada II ist, so wenig ist der Granada I auf den Genius einer Person zurückzuführen.

Die Außenhaut des ersten Granada ist das Ergebnis einer vielfältigen und internationalen Teamarbeit. Der deutsche Part fand im neuen Entwicklungszentrum mit Styling-Abteilung im Kölner Vorort Merkenich statt, der britische im ebenfalls neuen Design-Center in Dunton. Beide Entwicklungs- und Designzentren hatten dieselben Aufgaben und waren jeweils in der Lage, ein komplettes Fahrzeug selbst zu kreieren. Umso erstaunlicher, dass es trotz Kompetenzgerangels und Eifersüchteleien möglich war, einen guten Wagen wie den Granada gemeinsam zu konstruieren. Die vorherigen gemeinsamen Fahrzeuge hatten Köln mehr Glück gebracht als deren eigene Gewächse: Vor allem der Capri war ein Bestseller und half Ford aus der Talsohle während der Konjunkturdelle 1966 bis 1969, der Transit verkaufte sich auch ganz gut. Die rein deutschen Entwicklungen P7 und P6 hatten in dieser Phase sehr geschwächelt.

Den deutschen Kritikern war der Granada zu britisch oder zu amerikanisch, jedenfalls zu schwülstig. Und so manch britischem war er zu deutsch. So sprach Brian Hatton in der Motor Week vom 11. März 1972 vom sprichwörtlichen »teutonic style«, also dem deutschen Stil, der überhaupt nicht mit dem südländischen Namen harmonieren wolle. Der Wagen trägt etliche typisch amerikanische Stylingmerkmale. So sind die Stoßstangen vollständig in die Karosserie integriert und die hintere an den Enden wie ein hoch gezwirbelter Schnurrbart nach oben gezogen, ein Erbe von P5 und P7. Das Wort »Stoßstange« ist ohnehin ein Euphemismus. Es handelt sich eher um hübsche Chromzier ohne schützenden Faktor. Der sehr ausgeprägte Hüftschwung des Fastback war 1972 eine Mode von gestern und ebenfalls sehr amerikanisch, und der überreiche Chrombesatz, vor allem beim GXL, und seine Ornamente entsprachen auch eher dem britisch-amerikanischen Geschmack als dem deutschen – ebenso wie das Vinyldach, mit dem der Wagen vielfach geordert wurde und das der GXL serienmäßig trug. Die Limousine

Zwei Consul L nebeneinander auf dem Schillerplatz im österreichischen Murnau, flankiert von Peugeot 404, Käfer, Mercedes Strich-Acht und Fiat 1100 R. Aufnahme 1974.

Familienauto, Urlaubsauto, Reisewagen, Langstreckenfahrzeug: weißer Consul 1700 in Basisausstattung in Aufbruchstimmung zum Skiurlaub, im Hintergrund ein alter Opel Kadett A.

Granada. Nicht die Typreihe, sondern die Ausstattungsversion Granada. Der Wagen trägt Sportstahlfelgen und zusätzliche Außenspiegel.

hatte keinen Hüftschwung, aber die Flankenlinie stieg hinter der Hintertüre stark an, was einen großen Kofferraum garantierte, aber eine eher schmale Heckscheibe mit sich brachte. Gepaart mit der breiten C-Säule war die Rundumsicht wesentlich schlechter als beim Rekord mit seinen filigranen Dachpfosten. Dafür bot der Granada innen mehr Privatsphäre, war eher Separee als offenherzig – tatsächlich sprach er einen anderen Geschmack an als der Opel. Insofern waren die beiden Konkurrenten gar keine. Der eine war die Alternative zum anderen. Zwar nahmen sie in Bezug auf Milieu und Finanzkraft dieselbe Klientel ins Visier, nicht aber in Bezug auf Geschmack. Der Granada war ein Wagen zum Repräsentieren, ein Langstreckenwagen, er zielte auf Luxus. Der Opel war sportlicher, straffer, handlicher, kleiner, pragmatischer.

Innen ist der Granada in seiner Ursprungsversion nichts als weich. Er ist weich gefedert und hat weiche Sitze. Die Sitzposition wurde von Testern insofern kritisiert, als normal gewachsene Fahrer eine kleine Verbeugung machen mussten, um den dritten Gang einzulegen. Aber das ist typische Tester-Mentalität. Tester sitzen jeden Tag in einem anderen Auto, sie gewöhnen sich an nichts. Im Granada sitzt man bequem, allenfalls ein wenig zu tief, wenn man klein gewachsen ist. Aber der gebotene Platz ist durch nichts zu ersetzen – und das Gefühl unendlichen Raums war im ersten Modelljahr noch größer, wenn man auf Kopfstützen verzichtete. Denn die waren erst ab 1973 bei Neuzulassungen Pflicht. Das Armaturenbrett bestens bestückt, die Uhren allerdings in tiefsitzenden Höhlen untergebracht, zwar absolut blendfrei, aber delikat abzulesen. An der Lenksäule nur ein Hebel, der alles kann (Blinker, Fernlicht, Lichthupe, zweistufiger Scheibenwischer, Parklicht), wofür andere Autos zwei Hebel benötigen, darüber hinaus Drucktasten am Armaturenbrett – alles sehr logisch für stressfreies Fahren, sofern man für eine Servolenkung optierte. Ohne Servo ist der schwere und kopflastige Wagen mühsam zu lenken, vor allem beim Rangieren und Einparken. Klasse die vielen Ablagemöglichkeiten, Ablageschale auf der Beifahrerseite, großes Handschuhfach, und der Granada (nicht der Consul) trägt eine riesige Mittelkonsole mit einem bedeckelten Fach, in dem man viel zu viel versenken kann. Und auf dem gepolsterten Deckel ruht der rechte Arm, wenn man den Granada mit Automatik und Servolenkung einhändig steuert. Dabei ist alles ganz leise. Granada und Granada GXL tragen mehr Antidröhnmasse und Lärmschutz als Consul, und man kann dem Geräusch des Sechszylinders lauschen. Oder dem Radio mit zwei Lautsprechern, auch serienmäßig im GXL. Ganz etwas Neues war das Stahlkurbeldach, das nicht nur nach hinten geschoben, sondern auch leicht aufgestellt und in Schräglage arretiert werden konnte (eine Webasto-Konstruktion), angenehm auf der Autobahn, es verhinderte das typische »Wummern«.

Komfortbetont ist die Fahrwerksauslegung, ziemlich weich. Das im Fahrwerk steckende große Potenzial wurde anfangs durch zu weiche Abstimmung und unzureichende Reifenbestückung verschenkt. Alle Consul und der Granada 2,3 trugen serienmäßig Diagonalreifen, Gürtelreifen gab es serienmäßig für den Consul GT 2,3 sowie alle 2,6- und 3-Liter-Versionen. Da fragten die Tester zu Recht, warum Ford dem Granada ein so elaboriertes Fahrwerk spendierte und dies durch einfache Reifen zunichtemachte. Natürlich lässt sich argumentieren, dass Normalreifen bei einem Consul 1,7 mit 145 km/h Höchstgeschwindigkeit ausreichen mögen. Auf der Autobahn. Aber auch mit einem 1700er Consul kann man auf der Landstraße mal zu schnell in die Kurve rauschen. Erwähnenswert, wenn auch nicht neu, aber ungewöhnlich: Waren die Rücklichter beim P7b extrem klein, so sind sie am Granada extrem groß und, vor allem, doppelt abgesichert. Die Gehäuse tragen nämlich zwei Kammern für das Rücklicht, mit zwei Glühlampen. Fällt eine aus, leuchtet das Rücklicht dennoch, nur nicht so breit wie üblich. Diese doppelte Absicherung des Rücklichts ist keine große konstruktive Leistung, aber sehr sinnvoll.

Die anfänglichen Modellreihen: Consul und Consul L als Viertürer, Fastback und Turnier, Consul GT als Viertürer und Fastback, Granada als Viertürer, Fastback und Turnier, Granada GXL als Viertürer und Fastback. Motoren: Für Consul und Consul L 1,7-, 2- und 2,3-Liter, für Consul GT 2,3- oder 3-Liter, für Granada und Granada GXL 2,3-, 2,6- und 3-Liter, wobei der 2,6 Liter nicht im Turnier lieferbar war. Die Außen- und Innenausstattung verbesserte sich je nach Version graduell, nicht jedes Extra war für jede Modellreihe lieferbar, und der Consul GT war eine Art Zwischentyp. Er verband die Ausstattung des Consul L mit den starken Motoren und hatte als einziger eine verstärkte Federung, also eine Art Sportfahrwerk, kombiniert mit breiteren Sportstahlfelgen und 185er-Gürtelreifen (diese Räder waren als Option für alle erhältlich). Dazu Sportlenkrad und lederbezogener Schaltknauf.

Der Turnier für die Familie, nicht für den Handwerker: Ford Granada, mindestens 108 PS stark, maximal 138.

Vorgänger und Nachfolger, beide als Turnier: ein abgewirtschafteter P7b und ein Granada Turnier vor dem Hexenturm in Fulda. Im Hintergrund ein Honda Prelude. Also muss die Aufnahme nach 1978 entstanden sein.

Der einfache Consul sah ziemlich nackt aus, wobei an der technischen Ausstattung des Grundmodells nicht gespart wurde (außer an der Verbundglaswindschutzscheibe, aber die war für alle (!) Modelle außer GXL aufpreispflichtig), aber innen gab es eine schwarze Gummimatte statt Teppichboden, keine Liegesitze, nur die wichtigsten Kontrollleuchten, die heizbare Heckscheibe kostete extra und er hatte nicht mal einen Tageskilometerzähler und eine Uhr. Der Consul L war sicherlich die bessere Wahl zum Wohlfühlen und die Ausstattung auch der Wagenklasse halbwegs adäquat. Aber auch bei ihm gab es keinen Drehzahlmesser, jedoch immerhin einen Teppichboden, abgestimmt auf die Interieurfarbe, und Liegesitze. Consul, Consul L und GT trugen spezielle Türinnenverkleidungen und verfügten über eine kleine Mittelkonsole, der Turnier-Laderaum war mit Gummi ausgeschlagen.

Innen richtig gut meinte es Ford beim Granada (und dieser Begriff ist hier nicht als Typ gemeint, sondern als Ausstattungsvariante): Servolenkung, Holzmaserungen an Armaturenbrett, den Türinnenverkleidungen und auf dem Lenkrad (wobei das »Holz« teilweise lithographiertes Blech und teilweise bedrucktes Plastik ist!), vollständige Instrumentierung mit Drehzahlmesser, Ampèremeter, Öldruckanzeige und Uhr, zwischen den Sitzen eine große, durchgehende Mittelkonsole, farbabhängiger Teppichboden aus Velours (beim Turnier auch für den Laderraum), feinere Stoffe für die Sitzmöbel, die Vordersitzgestelle verkleidet, hinten Mittelarmlehne, spezielle Türinnenverkleidungen, zwei Innenleuchten. Das Topmodell Granada GXL übertraf den Granada mit Folgendem: Automatikgetriebe, Servolenkung, getönte Scheiben rundum mit Verbundglas-Windschutzscheibe, Radio mit zwei Lautsprechern, Bremskreis-Kontrollleuchte, Schiebedach. Die Uhr platzierte Ford unverständlicherweise direkt vor den Augen des Beifahrers.

Von außen waren die Unterschiede sehr deutlich. Jeder jugendliche Autofan konnte auf den ersten Blick die Modellvariante erkennen. Lediglich beim Granada musste genauer hingesehen werden, denn die optischen Unterschiede beschränkten sich hier, abgesehen vom Heckschriftzug links auf dem Kofferraumdeckel und rechts dem »Automatic«-Schriftzug tatsächlich nur auf das »GXL«-Emblem auf der C-Säule. Das Vinyldach war zwar nur beim GXL serienmäßig, aber auch beim Granada wurde es meist geordert.

In den frühen 1970ern, vor dem Umdenken durch die Ölkrise und der beginnenden Wahrnehmung des Autos als Vernunft- und nicht mehr als Spaßgegenstand, wurde Luxus durch Chromzierrat und Talmi definiert. So gab es in den einzelnen Modellreihen eine schrittweise Zunahme der Chromzier. Am wenigsten trug der Consul. Die Basisausführung und der Consul L hatten den speziellen Consul-Grill, einfache Stoßstangen (das L-Modell mit Hörnern), darunter die Aussparung für die Nebelscheinwerfer mit einer Blechplatte verschlossen, keine Flankenzierleiste (Consul L mit aufgeklebtem Zierstreifen). Bei der L-Version gab es Chrom um die Radausschnitte sowie schmale Zierleisten um Front- und Heckscheibe. Die Regenrinnenzierleiste war ebenfalls nur beim L-Modell vorhanden, die einfache Zierleiste am Heck war nicht verchromt, sondern in Wagenfarbe lackiert. Consul und Consul L trugen kleine, unverzierte Radkappen. Der Consul GT teilte sein Äußeres mit dem Consul L, hatte aber den Granada-Grill komplett in Schwarz, dazu runde Halogenzusatzscheinwerfer und eben die Sportstahlfelgen ohne Radkappen.

Granada Fastback in Nöten. Er geht hinten schwer in die Knie, zieht einen Lely-Wohnwagen gen Süden und bedarf freundlicher Hilfe eines Gelben Engels. Der Hund freut sich derweil über Auslauf.

Von Winzigkeiten abgesehen, teilten Granada und Granada GXL ihr Äußeres, und mit Einzelextras hätte aus einem Granada ein GXL gemacht werden können, wäre aber teurer als dieser geworden – also sinnlos. Granada trug Stoßstangen mit Gummieinlagen, GXL zusätzlich Hörner, Nebelscheinwerfer serienmäßig. Der Granada-Grill war identisch zum Consul-GT-Grill, aber nicht komplett schwarz, sondern aus hellgrauem Plastik mit verchromten Zierleisten. Vollchromausstattung außen: breite Zierleisten um Front- und Heckscheibe, Flankenzierleiste mit Gummieinlage, Radlaufchrom, breite Schwellerzierleiste, die den kompletten Türschweller bedeckt, hinten viel Chrom, die Blende zwischen den Rückleuchten beim Granada silbern, beim GXL schwarz, verchromte Auspuffblende. Die typischen Granada-Radzierblenden gegen Aufpreis auch für den Consul. Den GXL erkannte man am serienmäßigen Vinyldach. Der schwarze Dachbezug wurde auch häufig von Consul-Fahrern geordert, war aber nicht verfügbar für den Turnier. Metalliclack Serie beim GXL, lieferbar für alle anderen – ein ebenso gerne gekauftes Extra wie der rechte Außenspiegel.

Er hat es schließlich noch geschafft und brachte die Familie an den Ort der Träume, wo man zwei Wochen lang die Seele baumeln lassen konnte.

Mit Vinyldach sah der Zweitürer-Fastback, hier als Granada GXL Coupé, weniger wuchtig aus. Dessen Abschlusszierleiste verlängert die Linie der Flankenoberkante, die Zweifarbigkeit macht schlank.

Mit 9338 D-Mark blieb der zweitürige Consul in Basisausstattung und 1,7-Liter-Aggregat knapp unter der magischen Grenze, ein vernünftig ausstaffierter, viertüriger Consul L mit 2-Liter-Motor kam auf über 11.000 DM, ein 2,3-Liter-Consul GT auf 12.000 DM, ein viertüriger Granada kostete knapp 13.000 DM, ein GXL 15.500 DM (jeweils 2,3 Liter), Aufpreis für 2,6-Liter-Motor 475, für den 3-Liter 670 DM. Ein GXL 3-Liter kostete also exakt 16.225 DM. Zum Vergleich: Ein wesentlich nüchterner ausgestatteter, aber mit deutlich besserem Image auftretender Mercedes-Benz 250/8 kam 1972 auf 17.875 DM. Die Preise von Opel Rekord/Commodore bewegten sich plus/minus auf Ford-Niveau. Dem Prestige eines 3-Liter-Wagens hatte Opel beim Commodore nichts entgegenzusetzen. In dieser Region spielte in Rüsselsheim bereits der Admiral, der wiederum eine Klasse über dem Granada angesiedelt war und eine andere Klientel anpeilte.

Viel Holzimitation, teilweise lithographiertes Blech, teilweise bedrucktes Plastik: Interieur eines 1972er GXL, Automatik serienmäßig. Ein Radio trägt er nicht, dafür eine Blende mit Emblem.

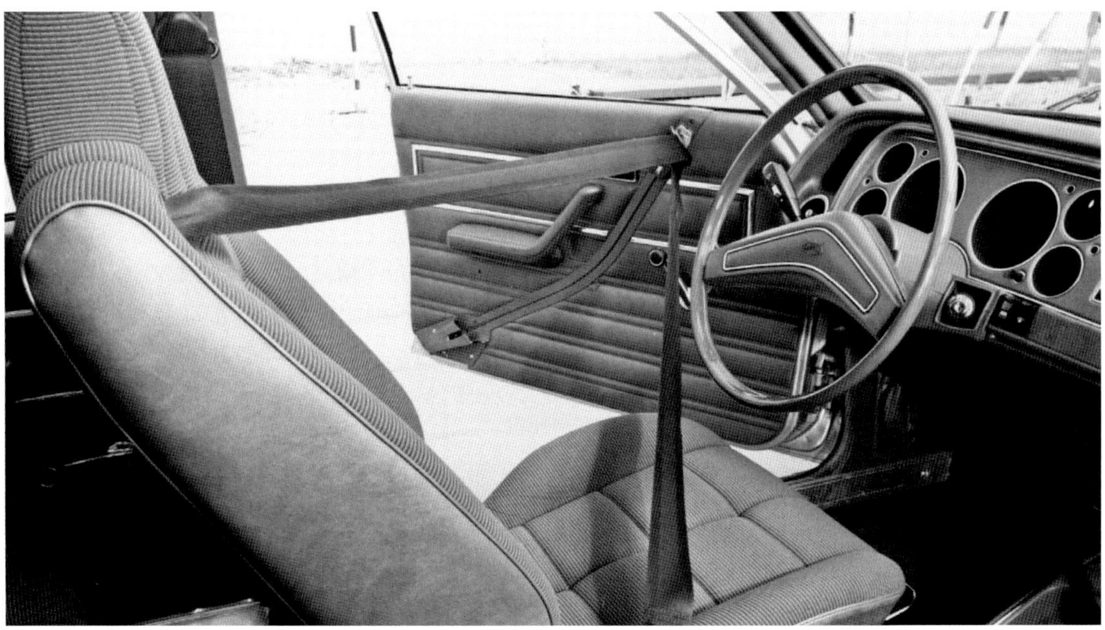

Blick in die Zukunft: Test eines Gurtsystems, das sich selbst anlegt, ohne händisches Dazutun des Fahrers, eingebaut in einen 1973er GXL. Das System wurde zur Serienreife gebracht, der Ford Probe GT ab 1988 trug es.

Der finnische Ski-Abfahrtsläufer Kalevi Häkkinen (1928–2017) nutzte einen 73er Granada GXL Fastback mit spezieller Dachplattform für »Trockenübungen« während schneeloser Zeiten. Er simulierte bei rasanten Geschwindigkeiten unterschiedliche Renn-Positionen, seine eigene Aerodynamik, und nebenbei trainierte er auch seine Muskeln. Und das ist kein Scherz!

Rezeption: Von Blatt zu Blatt anders

Die neuen Ford wurden gut aufgenommen, wenngleich die Motorpresse als Vorreiter eines jeden Trends dem pragmatisch-vernünftigen Opel den Vorzug gab. Die Mot, damals bekannt für eine eher reservierte Haltung gegenüber Kölner Produkten, wurde nicht müde, bei jedem Vorzug des Ford zu betonen, dass gerade dieser Vorzug nicht überbewertet werden dürfe. War die Karosserie in der Mot auf amerikanischem Straßenkreuzer-Niveau, so sprach die dem Ford mehr gewogene Auto Motor und Sport (AMS) von guten Proportionen. Einig waren sich die deutschen Blätter, dass eine konventionelle Zweitürer-Limousine im Programm fehle, der Fastback mit zu ausgeprägtem Hüftschwung schwülstig wirke und eher die Position eines Coupés einnehme als einen Zweitürer ersetze. Die schweizerische Automobil Revue hingegen befand ihn als angenehm weich gezeichnet – alles eben Geschmackssache! Die Mot kritisierte die billigen Türinnenverkleidungen des Consul, die AMS lobte die ausgezeichnet modellierten Granada-Sitze. Mot sprach von den Instrumenten als Guckröhren, AMS nannte sie klar gezeichnet. In einem waren alle einig: Die Aufpreispolitik sei perfide, bei Ford ebenso wie bei Opel, die Ausstattung des Grundmodells ein Witz, erst der Consul L sei ein normal ausgestatteter Wagen. AMS nannte die hintere Einzelradaufhängung eine Sensation bei Ford, Mot bekrittelte, dass sie so spät kam. AMS: »Consul und Granada überrollen kleine und große Unebenheiten in so geschmeidiger Art und Weise, wie man es von Ford-Autos bisher nicht gewohnt war.« Beide lobten die Geräuschdämmung vor allem im Granada, in dem nichts als der säuselnde Sechszylinder zu hören sei. Unisono befand man das Fahrwerk als zu weich abgestimmt, selbst im härter gefederten Consul GT.

Der erste Granada war tatsächlich ein Erfolg, wenngleich er in der Bundesrepublik nicht an denjenigen des Rivalen Opel Rekord D/Commodore B heranreichte. Aber auf dem größeren britischen Markt war er ein Bestseller, war, trotz seiner Größe und seines Preises, zeitweise auf Rang 10 der bestverkauften Neufahrzeuge (Rang 1 hatte der Ford Cortina inne). Auf der Insel konkurrierte er mit dem Rover 2000 P6 und dem Triumph 2000 und hatte dabei eindeutig die besseren Karten. Und das blieb während seiner kompletten Produktionszeit so, also bis 1985. In Deutschland musste sich der Granada dem Rekord geschlagen ge-

Granada Fastback 1972 in dynamischer Kurvenfahrt. Das eiförmige Ding ist ein Ausfuhrkennzeichen, landläufig »Zollnummer« genannt. Die ovale Form hatte es bis 1988.

617
Z-6888

ben, in Großbritannien wurde in seiner Klasse kein Wagen häufiger gekauft. Das Vauxhall-Derivat des Opel Rekord hingegen, der Vauxhall Carlton, hinkte dem Granada stets deutlich hinterher. Der Ford-Stil war sehr britisch geprägt und traf somit den Geschmack der Briten besser als jenen der Deutschen. Aber nicht nur den der Briten. Viele andere europäische Nationen tendierten eher zum britischen Autogeschmack, und dort hatte der Consul/Granada mehr Erfolg als sein Rüsselsheimer Konkurrent. Favorit war der Granada neben Großbritannien auch in den Benelux-Staaten, in Österreich, auf der iberischen Halbinsel und in Skandinavien. Den deutschen Autogeschmack teilten eher die Italiener und Franzosen, wo der Opel die Nase vorne hatte. Dafür verkaufte sich der Ford in allen ehemaligen Kolonialgebieten der Briten bestens. Man muss den Granada als gesamteuropäischen Wagen sehen, der auch auf viele außereuropäische Märkte exportiert wurde, und darf seinen Erfolg oder Misserfolg nicht auf die Bundesrepublik reduzieren. Damit täte man ihm Unrecht.

Als Gebrauchtwagen waren die großen Ford gefragt, hauptsächlich Deutschtürken kauften sie mit Vorliebe und exportierten sie an den Bosporus. Im Bild ein 72er Consul L Fastback, rechts VW Typ 3 Variant, hinten VW T2a und ein zweitüriger Ford 17m Turnier. Aufnahme August 1973.

Von Jahr zu Jahr: Die Evolution 1973 bis 1977

1973: Derselbe Ort wie die Präsentation der Modellreihe, ein Jahr später – auf dem Genfer Salon im März 1973 stand die zweitürige Limousine mit Stufenheck. Ford musste akzeptieren, dass die Kunden den Fastback nicht akzeptieren – zwar sehr wohl als Coupé, aber eben nicht als Ersatz für eine zweitürige Stufenheck-Limousine, die damals auf dem deutschen Markt noch wichtig war (und fast nur auf dem deutschen – in Frankreich oder Italien beispielsweise kaufte das kein Mensch! Dort muss eine Limousine viertürig sein, und was zweitürig ist, ist ein Coupé). Die Konstruktion war einfach, das Türblech spendierte der Fastback, aber nicht die komplette Türe, denn der Fastback hatte eine etwas niedrigere Dachlinie. In der Folge wurde der Stufenheck-Zweitürer durchaus gekauft, war aber bei weitem kein Bestseller. Er sah nicht ausgewogen aus, und wer einen Wagen in dieser Klasse wollte, begnügte sich ungern mit zwei Türen, die riesengroß waren und wegen ihres Öffnungswinkels das Ein- und Aussteigen auf engen Parkplätzen erschwerten. Und das Krabbeln auf die hinteren Plätze war ohnehin nur gelenkigen Kindern zuzumuten. Obgleich Ford auf den Kundenwunsch reagierte, so gab es eigentlich keinen vernünftigen Grund für diese Karosserieversion. Den Zweitürer gab es als Consul, Consul L und Granada, nicht als Consul GT und Granada GXL. Der weiterhin gebaute Fastback wurde im offiziellen Ford-Duktus fortan als das bezeichnet, was er von Anfang an war: als Coupé.

Weitere Modifikationen für das Modelljahr 1973: überarbeitete Sitze in beiden Modellreihen, größere Armlehnen an den Türinnenverkleidungen des Consul, trapezförmiger Innenrückspiegel beim Granada. Der Consul L wurde außen aufgewertet: Radlaufchrom und Flankenzierleiste, dazu neue Radkappen, nach wie vor klein, aber strukturiert und im Innenteil mit silbernem Lack ausgelegt. Technisch keine Änderungen für 1973. Durch die ersten Auswirkungen der Ölkrise rückten beim Consul die Vierzylindermotoren immer mehr in den Fokus, nachdem im ersten Jahr viele Consul mit dem 2,3-Liter-V6 verkauft worden waren. Ab Juli 1973 lieferte Ford gegen 100 D-Mark Minderpreis für den Consul den normalbenzintauglichen 1,7-Liter-N-Motor mit 65 PS als untere Ergänzung zum 1,7-Liter-S mit 75 PS, der Superkraftstoff braucht.

1974: Zwei wesentliche Programmergänzungen. Nach oben wurde das Granada-Programm im Februar durch den luxuriösen Ghia aufgestockt, der den GXL nicht ersetzte. Das Fastback-Coupé wurde im Januar 1974 schwer überarbeitet und bekam eine neue Karosserie-Seitenlinie. Das modifizierte Coupé sieht viel harmonischer aus, fast schon italienisch, die üppigen Rundungen waren verschwunden. Ford erkannte, dass der »Coke bottle«-Stil wirklich eine Mode der 1960er-Jahre war und sich nicht beliebig fortsetzen ließ. Die Zwangsentlüftung liegt seitlich hinter der keck geformten hinteren Seitenscheibe, nicht mehr über der Heckscheibe.

Ab Februar ist der Granada Ghia das Ford-Spitzenmodell, lieferbar als Viertürer-Limousine und als Coupé (in der neuen Linienführung). Die Ghia-Ausstattung wurde tatsächlich im Ford-eigenen italienischen Stylingstudio ersonnen, und der Granada Ghia vereinigte in sich die Attribute großer Luxuswagen mit kompakten Abmessungen. Ford erschloss sich mit ihm neue Käuferschichten, und in Großbritannien war der Granada Ghia eine Alternative zu kleinen Luxusautos à la Rover 3500 V8 oder Jaguar XJ 6 2.8. In Deutschland war er in der Tat konkurrenzlos. Wer ihm in Bezug auf die Ausstattung Paroli hätte bieten können (beispielsweise der Opel Diplomat), spielte dimensional in einer höheren Liga, und die deutschen Oberklassewagen, wie Mercedes oder BMW, waren damals alles andere als luxuriös ausgestattet. Technisch gab es keine Änderungen, der Ghia war wie der weiter gebaute GXL mit den drei Sechszylindern lieferbar und trug mindestens die GXL-Attribute, aber manches war anders gestaltet. Richtiggehend großartig der charakteristische, Eindruck schindende Ghia-Kühlergrill mit hellgrau lackierten Lamellen, dicker Chromumrandung und neuer Abschlusszierleiste auf der Motorhaube, mittig das runde »Ghia«-Emblem. Der Grill war, im Gegensatz zum üblichen Granada-Plastikgrill, ein schweres Gussteil aus Metall. Die Nirosta-Radkappen des ersten Ghia-Jahrgangs waren in ihrem Innenteil in Karosseriefarbe ausgelegt (wie beim Mercedes), anstelle der »GXL«- prangten »Ghia«-Embleme und Schriftzüge an der Karosserie und im Innenraum. Die Heckblende war mit Kunstleder bezogen, und das Vinyldach unterschied sich von den Dachbezügen der einfacheren Versionen: ein anders strukturiertes, dickeres Material, das nur beim Ghia auch die A-Säule verkleidete.

Aufgewerteter Consul L für 1973 mit etwas mehr Chrom, einem aufgeklebten Zierstreifen und neuen Radkappen, silbern ausgelegt. Und, vor allem: Dies ist die neue Zweitürer-Limousine mit Stufenheck. Der Wagen trägt ein optionales Schiebedach.

Auch den Granada gab es als Zweitürer mit Stufenheck, hier mit optionalem Vinyldach. Das Größenverhältnis zwischen vorderer und hinterer Seitenscheibe ist unausgewogen und die riesige Türe macht den Einstieg zwar bequem, ist aber unter Umständen äußerst unpraktisch. Im Bild ein Granada XL des Modelljahrs 1974.

Das Flaggschiff, das vom Nimbus der italienischen Eleganz profitiert: Granada Ghia 1974 mit seinem prachtvollen Grill, im ersten Lebensjahr noch hellgrau ausgelegt, danach schwarz.

Der tatsächliche Luxus im Ghia findet sich aber innen: Der Wagen ist nichts weniger als splendid ausgestattet. Kein Holzimitat, wie im GXL, sondern belgisches Edelholz, auch rund um den Instrumententräger und oberhalb der Ablageschale am Armaturenbrett, Sitzbezüge aus Beaumont-Stoffen, besonders hochfloriger Teppichboden, Türinnenverkleidungen unten mit Teppichmaterial, oben mit Holz. Der Dachhimmel nicht aus Kunststoff, sondern aus Stoff, ebenso die Verkleidungen der Türsäulen und der Hutablage, also richtige Salonatmosphäre. Dazu speziell gepolsterte Sitze mit verstellbaren Kopfstützen, vorne Automatikgurte, noch mehr Dämmmaterial für besonders geräuscharme Fortbewegung, dazu lederbezogenes Lenkrad und statt einer analogen eine Digitaluhr in der Mittelkonsole, erstmals bei einem Großserienwagen. Preis der 3-Liter-Ghia-Limousine: 20.060 D-Mark – der erste deutsche Ford über der magischen Preisschwelle.

Dunkelbraunmetallic mit braunem Vinyldach lautete im ersten Ghia-Jahr 1974 eine typische Farbwahl, auch die Farbe des Autos im Ford-Prospekt. Die Radkappen waren in Wagenfarbe ausgelegt, wie beim Mercedes. Vor dem Granada Ghia ein Daf 55.

Echtholz aus Belgien statt lithographiertem Blech aus Köln, und die erste Digitaluhr in einem Großserienfahrzeug: Granada Ghia 1974. Nach wie vor liegen die Armaturen in tiefen Schächten.

Eher beiläufig, aber wichtig: Zuvor hatte nur der Consul GT Halogen-Zusatzscheinwerfer. Ab 1974 waren für alle Consul/Granada gegen 65 DM Aufpreis Halogen-Hauptscheinwerfer erhältlich. Weitere Detailmodifikationen für alle Modelle: Die Zeituhr befand sich nicht mehr am Armaturenbrett über der Ablagefläche in Höhe des Beifahrers, sondern in der Mittelkonsole und war somit erstmals auch vom Fahrer zu erspähen. Dazu ein reines Nomenklatur-Thema: Der Einstiegs-Granada hieß bisher nur »Granada«, ab Modelljahr 1974 hört er auf die Bezeichnung »Granada XL«. Den Granada XL sollte es nur in diesem Modelljahr geben.

Keine zweitürige Fastback-Limousine mehr, sondern ein Coupé: Ghia Coupé mit neuer Linie ohne Hüftschwung, wesentlich eleganter. 1974er Modell mit Stahlsportfelgen. Nur am Ghia bedeckte das Vinyldach auch die A-Säule.

Nach dem Facelift behielten nur das Basismodell und der Turnier die typischen Granada-Radkappen. Der 1700er-Zweitürer mit protzigen Zusatzscheinwerfern gehört einem dänischen Urlauber in Österreich, und die kleinen Zusatzblinker am Vorderkotflügel sind der dänischen Straßenverkehrsordnung geschuldet. Fahrzeuge beispielsweise aus Italien und Österreich trugen sie auch.

Hausaufgaben gemacht: Der Granada '75

1975: Großes Facelift für den Granada im Februar 1975, gleichzeitig wurde die Modellpalette völlig neu geordnet. Der Name »Consul« hatte ausgedient, ab nun gab es nur noch den Ford Granada, und zwar in folgenden Ausstattungsversionen: Basismodell Granada ohne Zusatz als Ersatz für Consul, Granada L ersetzte Consul L, Granada GL ersetzte Granada XL und GXL, Granada Ghia blieb. Gleiche Karosserieformen wie zuvor: Stufenhecklimousine zwei- und viertürig, Coupé, Turnier. Ghia nur als Viertürer und Coupé. Neu war das sportliche S-Fahrwerk (quasi als Ersatz für den Consul GT), nicht für Turnier und nicht für Ghia.

Der Consul/Granada hatte Schwächen gehabt, und manches, was ihm angekreidet wurde, waren nur Schwächen aus deutscher Perspektive. Jedenfalls merzte Köln (und nicht Dagenham!) diese Schwächen zum Modelljahr 1975 aus und schuf einen umfassend modifizierten Granada, der weniger dem britischen, dafür aber umso mehr dem deutschen Geschmack entsprach. Es ging nicht um ein Facelift, denn der Granada war ein schöner Wagen. Es ging in erster Linie um das Cockpit, um das Fahrwerk und um die Sitzposition. Dazu kam, dass die Aufpreispolitik deutscher Marken zunehmend vom Kunden nicht mehr akzeptiert wurde; der Trend ging Mitte der 1970er zu einer kompletteren Grundausstattung statt luxuriöser Einzelattribute. Französische und vor allem japanische Importeure hatten die Deutschen dazu regelrecht gezwungen. 1975 verdoppelte Ford auch die Neuwagengarantie auf ein Jahr oder 20.000 Kilometer.

Sehr wenig Motor in einem sehr großen Motorraum: So verloren sieht ein 1,7-Liter-V4 mit 75 PS unter der Granada-Haube aus. Und so schön sauber ist nur ein brandneuer Motor.

Der Granada '75 stand also unter einem recht guten Stern. Denn er war der beste Granada seither. Auto Motor und Sport konstatierte anlässlich eines Tests des GLS Turnier in Heft 9/1976 zu den Modifikationen Folgendes: »Die Ford-Granada-Baureihe ist ein anschauliches Beispiel dafür, wie durch gezielte Modellpflege-Maßnahmen aus einem zunächst ungeliebten Entwurf letztlich doch ein respektabler Verkaufserfolg werden kann.« Der Marktanteil des Granada erhöhte sich in Westdeutschland von 2,5 Prozent anno 1974 auf 4 Prozent im Jahr 1976, und der Granada war der meistverkaufte Sechszylinder in der Bundesrepublik. Zu verdanken war dies, ebenso wie die »Teutonisierung« des Ford Granada, dem ebenso schillernden wie auf Erfolg versessenen Robert A. Lutz, seit 1974 Generaldirektor in Köln. Unter seiner Ägide produzierte und verkaufte Ford 1977 die Hälfte mehr als zwei Jahre zuvor, der Marktanteil stieg auf 15 Prozent (zum Vergleich: 2019 betrug der Markanteil in Deutschland 7,8 Prozent). Bis Mitte 1976 war Lutz der Chef von Ford in Köln, dann wurde der Amerikaner mit Schweizer Pass an die Spitze der europäischen Ford-Zentrale nach England befördert (und war ab 1982 Leiter sämtlicher Ford-Aktivitäten außerhalb der USA. Dann holte Lee Iacocca Lutz zu Chrysler. Henry Ford hatte ihn enttäuscht, indem er ihn nicht zum Ford-Präsidenten gemacht hatte).

Die Farben der 1970er-Jahre. Granada 2.0 GL zwischen Citroën CX und Audi 50. Der Granada-Fahrer muss CB-Funker gewesen sein. Sonst trüge sein Wagen nicht eine derart lange Antenne mitten auf dem Kofferraumdeckel.

Mit Ronal-Kleeblättern geschmückter Granada Ghia auf dem Buttermarkt in Fulda mit Blick via Zitronemannsgässchen auf den Dom. Rechts ein Mercedes W 123 und ein Granada II, Aufnahme 1979.

Wer ist die Schönste im ganzen Land? Das blonde Mädchen oder der sonnenrote Granada 2.3 GL? Der Wagen müsste ein Schiebedach haben, denn jeder GL hatte es serienmäßig. Dieser hat es nicht. Warum auch immer... Aufnahme 1989. Der Granada ist ein zwölfjähriger Gebrauchtwagen und dafür noch sehr gut in Schuss. Das Mädchen ist doppelt so alt und nicht minder gut erhalten.

Normalerweise sahen die '75er Granada am Ende ihrer Karriere so aus: mattschwarzer Unterbodenschutz (Teroson) an der unteren Karosseriehälfte, keine Radkappen mehr, einige Beulen, aufrechterhalten bis zum nächsten TÜV-Termin, der vielleicht der letzte sein wird. Aufnahme Juni 1983 unter dem Schutz eines blühenden Zierkirschbaums.

Die Optik des Granada '75: Nur das Grundmodell trägt fortan verchromte Seitenfensterumrahmungen, alle anderen bekamen mattschwarze Rahmen (allerdings auf Chrom lackiert, was rasch abblätterte und unschön aussah). Granada und Granada L haben schmale Zierleisten rund um Front- und Heckscheibe, breite sind den höherwertigen Modellen vorbehalten. Gestreckte Karosserielinie durch mattschwarz lackierte Türschweller. Alle Modelle mit Seitenzierleiste. Granada L mit Radlaufchrom, GL und Ghia mit zusätzlicher, breiter Schwellerzierleiste. Granada mit unbekleideten Stoßstangen, L und GL gummibewehrt, Ghia zusätzlich mit Hörnern. Alle Modelle zeigen den Einheitsgrill, nunmehr schwarz (wie bisher Consul GT), Ghia-Grill ebenfalls schwarz statt silbergrau ausgelegt. Alle Modelle mit verchromter Heckzierleiste, das Grundmodell trägt das Heck in Karosseriefarbe, L, GL und Ghia in Mattschwarz, Ghia mit zusätzlichen Heckzierleisten und vinylbekleideter Blende zwischen den Rückleuchten. Das Grundmodell trägt weiterhin die typischen Granada-Radkappen, welche die komplette Felge bedecken, L und GL kommen mit Sportstahlfelgen unterschiedlicher Breite, GL mit zusätzlichen Chromzierringen. Keine Stahlfelgen mit Chromradkappen mehr am Ghia, sondern Alufelgen, die so genannten Ronal-Kleeblatt-Felgen. Für den Turnier gibt es keine Sportstahlfelgen, sondern stets Radzierkappen, auch bei L- und GL-Ausstattung. Hubraumangabe an den Vorderkotflügeln in sachlicher Graphik, nicht mehr in Ornamentform, Heckschriftzüge ebenfalls versachlicht (Druckbuchstaben statt Schreibschrift), kein »Automatic«-Schriftzug mehr rechts auf dem Kofferraumdeckel. GL und Ghia zeigen eine verchromte Auspuffblende.

Die Technik des Granada '75: Der bereits aus dem 20m bekannte 2-Liter-V6 mit 90 PS ersetzte den 99 PS starken 2-Liter-Reihenvierzylinder, er sollte sich bald zum meistverkauften Aggregat entwickeln (Basismotor für Granada GL). Für bestimmte Märkte gab es den 75 PS starken 1,7-Liter-V4 mit geringerer Verdichtung auch mit 70 PS, und der bisherige 99 PS starke Reihenvierzylinder war auf einigen Märkten wie der Schweiz weiterhin lieferbar. Der 2,3-Liter-V6 war der Standardmotor für Fahrzeuge mit S-Paket (wie weiland im Consul GT). Ihn gab es nun nicht mehr für den Ghia, dessen Basismotor der 125 PS starke 2,6 Liter ist. Die Grundausstattung ist erweitert um H4-Hauptscheinwerfer, heizbare Heckscheibe und – endlich – serienmäßige Stahlgürtelreifen. Das Fahrwerk wurde neu abgestimmt, etwas straffer, vorne um 12 mm tiefer gelegt und hinten um 9 mm höher gestellt. Das heißt, der Granada '75 steht nicht mehr absolut horizontal auf der Straße, sondern geht vorne etwas in die Knie. Zusammen mit breiterer Bereifung wurde dadurch die Dauerkritik an der zu schwammigen Straßenlage und der zu weichen Federung entkräftet. Die Tatsache, dass nun alle Granadas Stahlgürtelreifen hatten, machte die Abstimmung der Feder- und Dämpfercharakteristik einfacher, weil nicht mehr wie bisher ein mühsamer Kompromiss gesucht und nicht auf Diagonal- und Textilgürtelpneus Rücksicht genommen werden musste. Letztlich kommen die Vorteile der Doppelgelenk-Schräglenker-Hinterachse erst jetzt zum Tragen. Und die Reifen wurden richtig breit: 185 SR 14 am Granada GL (dieser mit Bilstein-Dämpfern), 195 SR 14 auf Alus am Ghia. Der Ghia hatte ab Modelljahr 1975 serienmäßig eine Scheinwerfer-Wisch/Waschanlage (für alle anderen Modelle gegen Aufpreis). Das Vinyldach war bei ihm nun nicht mehr obligat, weil es doch Kunden gab, die es nicht mochten.

Bunte Jahre: Farbkarte vom August 1976. Immerhin gab es den Granada damals auch in Schwarz. Sehr verbreitet waren Saturnblau- und Marsgrünmetallic.

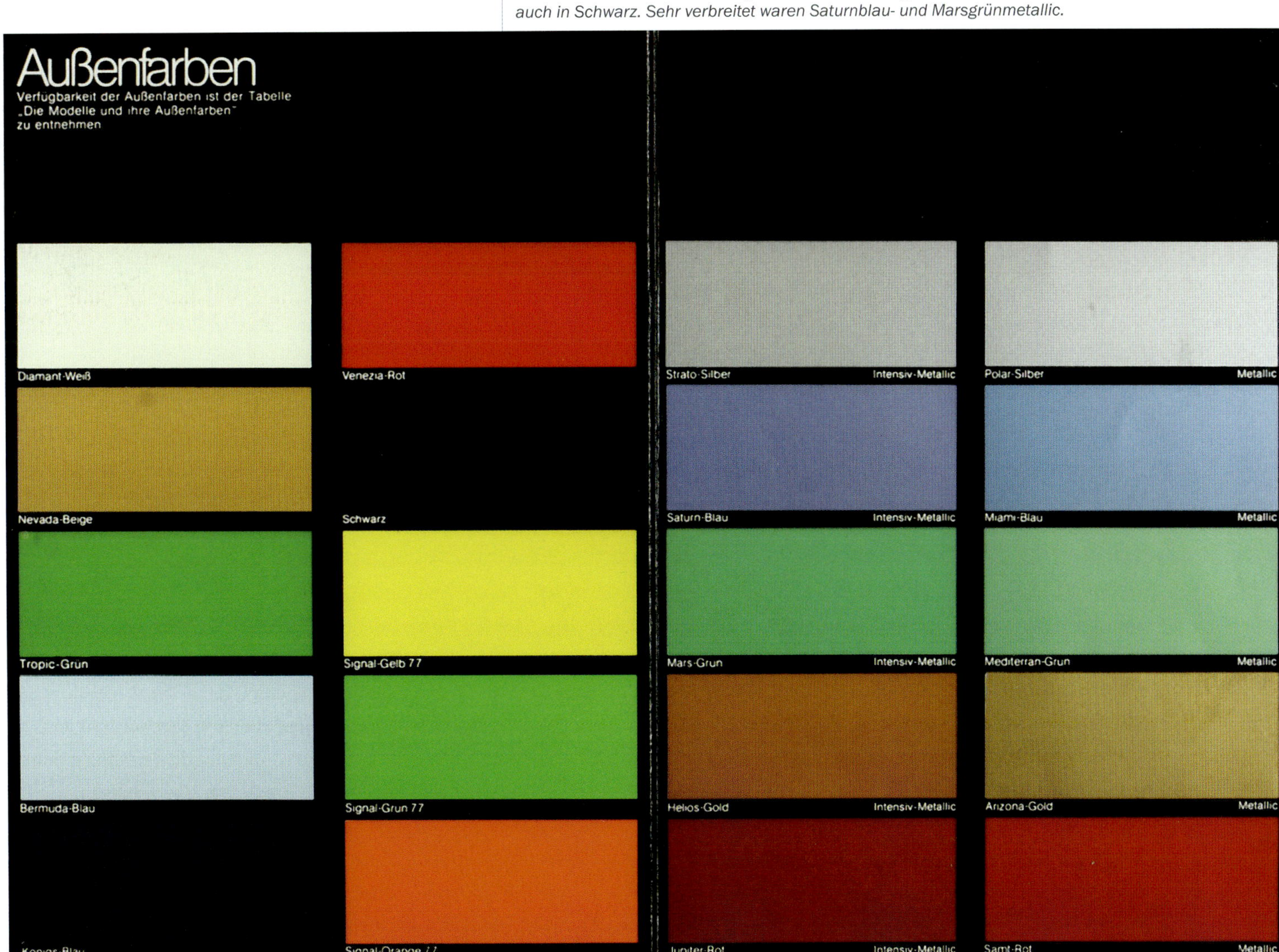

Nicht jeder Ghia-Käufer wünschte ein Vinyldach, und so gab es den Ghia auch ohne, hier als 2,3-Liter-Coupé mit Alufelgen.

Das Interieur des Granada '75: Ein völlig neuer Instrumententräger, Uhren hinter einem großflächigen Glas statt der tief liegenden Höhlen, weit bessere Ablesbarkeit, Armaturenbrett jetzt einheitlich schwarz, nicht mehr auf die Innenraumfarbe abgestimmt. Um 12 mm höhere Vordersitze, die, zusammen mit geänderter Pedalerie und Lenkradanordnung, für bessere Rundumsicht sorgen. Im Granada '75 können auch weniger groß gewachsene Menschen die Motorhaube überblicken, weil die Sitzposition schlichtweg höher ist und der Vorderwagen leicht tiefer gelegt wurde. Entsprechend der geänderten Sitzposition wurde auch der Mittelschalthebel näher zum Fahrer hin platziert. Dazu Kopfstützen an den Vordersitzen und Mittelarmlehne an der Rücksitzbank für alle Modelle. Neue Stoffbezüge und neu gestaltete Türinnenverkleidungen, die, wie bisher, unterschiedlich für die jeweiligen Ausstattungsversionen sind.

Völlig neu im Modelljahr 1975 ist das S-Fahrwerk, lieferbar für Wagen ab 2,3 Liter in Basis-, L- und GL-Ausstattung, nicht für Turnier und Ghia: Es enthielt Ronal-Kleeblatt-Alufelgen mit 195/70 HR 14-Bereifung, straff eingestellte Bilstein-Gasdruck-Stoßdämpfer und hinten eine Tieferlegung um 12 mm, stärkere Stabilisatoren vorne (24 statt 21 mm) zur Verringerung der Seitenneigung, progressiv ausgelegte Schraubenfedern hinten, Servolenkung, runde Halogen-Zusatzscheinwerfer im Grill, ab 2,6-Liter-Motor vorne innen belüftete Scheibenbremsen, dazu Sportlenkrad und Drehzahlmesser. In Kombination mit dem S-Paket gab es auch das Basis- und L-Modell mit dem 2,6- oder 3-Liter-Motor. Die Verkaufszahlen des Granada S waren nicht weltbewegend (rund 3 Prozent der Granada-Produktion), doch der Imagegewinn für die Modellreihe aber auch für die Marke Ford selbst war nicht in Geld zu messen. Tests bescheinigten dem Granada S ein völlig neutrales Fahrverhalten, auch

Derselbe Wagen an einem sonnigen Wintertag, nunmehr mit Winterreifen auf Stahlsportfelgen, umrahmt von zwei Käfern und einem Simca 1501.

in Grenzsituationen, kaum Seitenneigung der Karosserie, ein hohes Sicherheitsgefühl und dabei nahezu keine Komforteinbußen. Selten, dass ein Granada so von der deutschen Motorpresse gelobt wurde wie der Granada mit S-Fahrwerk. Was fehlte, waren ein Turnier und ein Ghia mit S-Fahrwerk. Aber das kam wenig später.

1976: Der Granada-Jahrgang 1976 unterschied sich kaum vom 1975er, war der Wagen doch gerade erst gründlich renoviert worden. Dennoch drehte sich ein Granada auf der IAA 1975 im Rampenlicht: ein Turnier; mit Alus; tiefer gelegt. Ford lieferte das S-Paket für den GL Turnier und machte daraus den GLS Turnier, Deutschlands stärksten, größten und sportlichsten Kombi. Ihn gab es nur mit den drei großen Sechszylindern. Preis 19.060 DM für den 2,3-Liter, 595 DM Aufpreis für den 2,6-Liter-, 915 DM für den 3-Liter-Motor. Ford bewarb ihn mit den Worten: »Der Sechszylinder, den Ihnen noch niemand gebaut hat.« Zeitgleich, also ab September 1975, war das S-Fahrwerk auch für den Ghia lieferbar. Ford weitete 1976 die Garantie aus: ein Jahr ohne Kilometer-Begrenzung.

1977: Der letzte Granada-Jahrgang, doch Ford ließ den Wagen nicht sanft entschlafen, sondern verpasste ihm auf seine alten Tage noch eine ungeahnte Kraftspritze, nämlich einen zusätzlichen, neuen Motor. Der 2,8-Liter-Einspritzer mit 150 PS ergänzte ab November 1976 den 3-Liter-Essex-Motor (138 PS). Der 2,8-Liter war eine Ableitung des »Kölner V6« durch Hubraumvergrößerung. Für den US-Markt hatte ihn Köln bereits seit 1974 gebaut (allerdings mit Doppelvergaseranlage), nunmehr mit Bosch K-Jetronic, also eine mechanische Einspritzung, keine elektronische. Den Motor lieferte Ford ausschließlich für Limousinen mit Schaltgetriebe, bei Basis- und L-Version nur in Verbindung mit dem S-Paket, bei GL und Ghia auch ohne. Der preisgünstigste Granada

Marsgrünmetallic war nicht unbedingt typisch für den Ghia. In seinen Regionen orderte man eher zeitlose als modische Farben. Gut zu sehen die Scheinwerferwaschanlage. Die Talbot-Außenspiegel stammen aus dem Zubehörhandel.

Einspritzer, also Basis-Modell mit S-Paket, kostete 18.630 DM, Mehrpreis für die Einspritzung demnach 1730 DM. Topspeed 190 km/h, 0 auf 100 in 10,8 Sekunden.

Der Einspritzer im Granada war eine typische Idee von Ford-Generaldirektor Robert A. Lutz, aber zum Einsatz kam er erst in der Ära seines Nachfolgers Peter Weiher, der seit Mitte 1976 auf dem Ford-Chefsessel saß. Der eingespritzte Granada ist ein fahraktiver Wagen, eine Art verkappte Sportlimousine mit extrem kultiviertem Sechszylinder, ein Auto, das zu fahren Spaß macht. Der Wagen blieb selten, er wurde ausschließlich in Westdeutschland angeboten, weil Bosch größte Kapazitätsprobleme hatte und nur ein paar hundert K-Jetronic für Ford abzweigen konnte. Jedoch darf bei aller Begeisterung nicht vergessen werden, dass der altehrwürdige Essex-Motor so manches besser kann: Er läuft ruhiger, hat ein höheres Drehmoment, somit eine bessere Elastizität, ist mit Automatik kombinierbar, war 1700 DM billiger. Aber er verbraucht deutlich mehr Sprit. Zwar mochten deutsche Autotester den alten Essex-Klumpen nicht, aber er war ein hervorragender Motor! Der Einspritzer hatte ihm Renommee voraus, und Mitte der 1970er-Jahre war Einspritzung vermeintlich der letzte Schrei. Spätestens seit dem Golf GTI wollte jeder Autofahrer ein »i« in seinem Heckschriftzug sehen. So urteilten Mot und AMS sehr unterschiedlich: Mot titelte »Granaten-Granada« und war begeistert, Auto Motor und Sport dagegen stellte die Sinnhaftigkeit des Motors in Frage und bezeichnete den Neuen als »Antwort auf eine Frage, die niemand gestellt hat«. Ansonsten im Jahr 1976: Ford bot eine Klima-Anlage von Behr speziell für den nachträglichen Einbau für alle Granada-Sechszylinder-Modelle für 1528 DM an.

Bis zu den Werksferien 1977 wurde der Granada I gebaut, insgesamt liefen 504.747 Exemplare vom Band, nicht nur in Köln, sondern insgesamt.

Die mechanische Bosch K-Jetronic

Das Besondere an der Bosch K-Jetronic ist, dass sie keinen Antrieb vom Motor her benötigt. Über eine elektrische Pumpe wird der Kraftstoff einem Treibstoff-Mengenteiler zugeführt. Davon unabhängig misst ein Luft-Mengenmesser die vom Motor angesaugte Luftmenge und steuert über den Treibstoff-Mengenteiler den einzelnen Zylindern die optimale Kraftstoffmenge zu. Das Benzin wird durch die Einspritzventile kontinuierlich feinzerstäubt vor die Einlassventile gespritzt und gelangt von dort aus zur Verbrennung in den Zylinder. Eine Einspritzanlage ist teurer als eine Vergaseranlage, spart aber Sprit. Und es gibt keine Benzinpumpe, die kaputtgehen kann.

Selten setzte Ford einen Turnier so dynamisch in Szene wie den GLS, neu ab Herbst 1975 und auf dem Werksfoto im gepflegten Drift auf Schotter zu sehen.

Alles fabrikneu, ausgestellt 1976 im Verkaufsraum der Stuttgarter Schwabengarage, wo man auch Honda-Motorräder bekam. Diverse Granada und brandneue Taunus TC '76, im Hintergrund ein amerikanischer Mustang II, der in Deutschland als Ford T5 angeboten wurde.

Deutschlands größter Kombi: Der Granada Turnier

Deutschlands größter Kombi ist ein Superlativ, der dem Granada zusteht. Und noch ein zweiter: Deutschlands stärkster Kombi. Denn den Turnier bot Ford von Anfang an als Granada (1972–1973), als Granada XL (1974) und als Granada GL (ab 1975) mit dem 3-Liter-V6 mit 138 PS an. Und nachdem Ford ab der IAA 1975 den Granada GL Turnier auch noch als GLS, also mit S-Fahrwerk, nachschob, gab es sogar einen dritten Superlativ, denjenigen des sportlichsten Kombis. Mit diesem Wagen erschloss Ford einen völlig neuen Kundenkreis und war maßgeblich daran beteiligt, dass sich der Kombi weg vom Handwerkerfahrzeug bewegte und das Image eines Privatwagens bekam. Ford legte damit quasi den Grundstein dafür, dass Daimler-Benz überhaupt daran dachte, ein T-Modell auf Basis des W 123 zu bringen. Logischerweise sprach Ford in der Werbung für den GLS Turnier nicht von einem »Kombi«, sondern von einer »Kombi-Limousine«, und Daimler-Benz nahm dies auf und bezeichnete das T-Modell als »Touring-Limousine«. Für den Export in die Schweiz wurde der Turnier anfangs »Globetrotter« genannt und trug auch einen entsprechenden Heckschriftzug. Den Vorsprung, den

Ein luxuriöser Kombi, ein 1974er Granada XL Turnier, ein Wagen mit 180 km/h Topspeed: Der große Ford hatte als Turnier nahezu das Alleinstellungsmerkmal.

Länge x Breite x Höhe = riesig: Blick in einen 3-Liter-Turnier aus England mit Rechtssteuerung. Gut zu sehen der mit Teppichboden ausgelegte Laderaum und die höherwertigen Seitenverkleidungen in der Ausstattungsversion Granada.

sich Ford mit dem Granada Turnier erarbeitet hatte, konnte Opel bis zum Granada-Ende 1985 nicht einholen. Doch dann machte Köln einen eklatanten Marketingfehler und meinte, mit dem Scorpio und dessen Fließheck-Karosserie beide Granadas, die Limousine und den Turnier, ersetzen zu können. Weit gefehlt! Die Kunden liefen in Scharen zum Opel Omega über, Ford reagierte viel zu spät mit einem Stufenheck-Scorpio 1989. Als 1992 endlich ein Turnier erschien, war die potenzielle Ford-Turnier-Kundschaft längst bei Mercedes oder Opel gelandet.

Jeder vierte zugelassene Consul/Granada war ein Turnier, die Kombi-Häufigkeit beim großen Ford war viel größer als beim Opel Rekord. Denn der Ford übertrumpfte den Opel hinsichtlich des nutzbaren Raums, und gerade den können nicht nur Handwerker gut gebrauchen: Der Laderaum misst bei umgeklappter Rücksitzbank 2 m Länge, 1,5 m Breite, 78 cm Höhe und hat ein Fassungsvermögen von 2,96 m³. Die Beladung geschieht einfach durch eine große Heck-

Kaum etwas, das man einem 3-Liter-GLS-Turnier an den Haken hängt, ist ihm zu schwer. Dieser dient als Zugwagen für einen Porsche 914/6 und schon die Anfahrt zur Rennstrecke macht Spaß.

Werbung für den Granada GLS Turnier. Dem Kreativling, der den Spruch ersonnen hat, mangelt es an logischem Denken. Man kann nichts haben, was es nicht gibt. Und deshalb ist das »Vielleicht« falsch. Annonce aus der Mot vom 18. Oktober 1975.

klappe, die auch im unteren Bereich nicht durch Rückleuchten verschmälert und mittels Gasdruck-Stoßdämpfern offengehalten wird. Wird die Rücksitzbank umgeklappt, so wird der Zwischenraum zwischen Kofferraumboden und umgelegter Lehne automatisch von einer Stahlplatte abgedeckt, sodass eine völlig ebene Ladefläche entsteht. Mit verstärkter Federung erhöhte sich die hintere Achslast auf bis zu 1230 Kilo. Mit dem 3-Liter-Motor und Automatikgetriebe durfte der Granada GLS Turnier 1900 Kilo ziehen. Seine Dachlast war mit 100 Kilo höher als die der Limousine (75 Kilo), und Ford bot riesige Dachgepäckträger an, die über die komplette Dachlänge reichten. Handwerker votierten für den Consul respektive, später, den Granada oder Granada L Turnier, Privatleute für den Granada/XL/GL, dessen Laderaum mit Teppichboden ausgeschlagen ist. Ab seiner Geburt hatte der Turnier allenfalls den Volvo 145 Kombi als dimensionalen Konkurrenten, 1976 kam noch der Citroën CX Break hinzu. Ein Mercedes T-Modell gab es zu Zeiten des Einser-Granada noch nicht. Und als es zu Granada-II-Zeiten den W 123 T gab, hatte der Granada Turnier zwar einen ernsthaften Konkurrenten in Sachen Luxuskombi, aber weder in der Größe seines Laderaums noch in der Zuladung konnte der Mercedes dem Ford Paroli bieten.

Schon ein Kombi mit Alufelgen war Mitte der 1970er-Jahre äußerst ungewöhnlich. Aber noch dazu ein tiefer gelegter war damals etwas Unerhörtes. Ford rannte damit offene Türen ein.

B AE 3444

Der Zweier-Granada

Nicht den Genfer Salon, wie beim Einser, sondern die IAA in Frankfurt wählte Ford als Drehscheibe für den neuen Ford Granada, den Zweier-Granada. Ein neuer Wagen? Grob gesagt: Neu waren die Karosserie und das Interieur, die Technik blieb konzeptionell identisch zum Vorgänger. Die schweizerische Automobil Revue brachte es auf den Punkt: »Der in den Grundzügen zwar unveränderte große Granada wurde beim zweiten Umguss so stark modifiziert, dass er einer neuen Modellreihe entspricht.« Die Technik war für den Granada I völlig neu konstruiert worden und damals auf neuestem Stand. Dieser technische Stand von 1972 war 1977 noch immer aktuell. Aber die Karosserie war es nicht mehr. Und selbst diese übernahm einige Bauteile vom Vorgänger, was aber nicht auffiel. Die Windschutzscheibe und die Vordertüren des Neuen stammen vom Alten, und der Turnier bekam lediglich den Vorbau des Zweier-Granada und blieb ansonsten wie bisher, abgesehen von Rückleuchten ohne Chromrand und kleinerem Heckklappengriff. So ist der Zweier-Granada also ein neuer Wagen, der stark auf dem Vorgänger basiert.

Das Karosseriestyling stammt von Uwe Bahnsen. Es ist absolut klassisch, zeitgenössisch und der damals aufkommenden Mode absoluter Eckigkeit entsprechend. Dabei verzichtete Bahnsen auf die seinerzeit vorherrschende Keilform, also die nach hinten ansteigende Karosserielinie. Dieser huldigte der Erzrivale Opel Rekord E, vom Amerikaner Henry Haga gezeichnet. Deswegen wirkt der Rekord heute anders als der Granada. Seine Mode ist von vorgestern, während der Granada II optisch ein Klassiker geworden ist. Unter dem Begriff »Klassiker« versteht man nämlich nicht nur etwas Altes, sondern etwas Zeitloses, Vorbildliches. Der Granada II sieht aus, wie ein Kind ein dreivolumiges Auto zeichnen würde oder wie es mit Legosteinen ein Auto nachbauen könnte. Uwe Bahnsen scheint für das Styling lediglich ein Lineal verwendet zu haben, was damals nicht ungewöhnlich war, aber er hielt es nahezu stets waagerecht. Der Granada II perfektionierte das Design des 1976 erschienenen Taunus II, indem er es noch reiner nachzeichnete, und einen optischen Klon erfuhr er im australischen Ford Falcon/Fairlane/

Zwischen West und Ost: Szene vom alliierten Übergang Checkpoint Charlie in Berlin mit Blick vom Westen in den Osten. Der Granada 2.8 GL steht in Diensten der US-Forces, und der Audi 80 B2 demonstriert seine stilistische Verwandtschaft zum Granada: Beide sind nichts als kantig. Aufnahme Juni 1979.

LTD ab 1979, aktuell bis 1988. Dieser übernahm fast eins zu eins die Linienführung des Granada II, hatte aber eine etwas größere Karosserie. Und der Granada machte den Weg frei für das in den späten 1970ern und frühen 1980ern typische »Lineal-Design« à la Audi 80 B2 und Talbot Tagora. So lange der Granada II aktuell war, war sein Styling modern. Mitte der 1980er-Jahre dann verlangte die Aerodynamik mehr Rundungen. Einen stilistischen Vorläufer zum Granada II mag man im Peugeot 604 sehen, dimensional in der gleichen Fahrzeugklasse angesiedelt, eine Pininfarina-Schöpfung. Er erschien 1975, hatte aber noch keine in den Wind gestellte, schräge Front.

Die schräge Front war ein damals neues Stylingmerkmal zur Verbesserung der Aerodynamik. Wie bei allen Neuerungen mussten sich die Stilisten erst einmal daran gewöhnen, sie waren noch nicht damit vertraut. Entsprechend einfallslos fällt die Frontpartie aus, aber sie schaut wenigstens etwas freundlicher als beim Rekord E, dessen Front ebenso langweilig gestaltet ist, der überdies aber auch noch etwas griesgrämig blickt. Die Stoßstangen sehen zwar modern und stabil aus, sind aber wie beim Vorgänger fast schon Karosseriebestandteil und eher Zierde als Schutz. Die Motorhaubenlinie steigt leicht an, ansonsten wird der Granada II von horizontalen Linien bestimmt. Und von keinerlei Rundungen (von den

Radausschnitten abgesehen). Selbst der auf den ersten Blick rundliche Übergang von der Kofferraumdeckelfläche zum Heckblech wirkt nur rund, ist in Wirklichkeit aber schräg abgekantet. Die ganzen geraden Flächen, dominierend für das Bahnsen'sche Styling, sind in Wirklichkeit nicht gerade, sondern ganz leicht gekrümmt. Kaum ein Blechteil ist schwieriger herzustellen als eine vermeintlich völlig gerade Fläche. Technisch geht das schon, aber das menschliche Auge spielt dabei eine Rolle. Und das funktioniert nicht nach technischen Maßstäben. Denn eine geometrisch perfekt gestaltete Gerade empfindet das Auge als Krümmung. Daraus folgt: Um als plane Fläche zu wirken, muss das Blechteil ganz leicht gewölbt sein. Gerade solche minimal gewölbten Bleche sind in der Fertigung viel schwieriger herzustellen als beispielsweise ein VW-Käfer-Kotflügel.

Uwe Bahnsen (1930–2013) zeichnete den Granada II. Aufnahme von 1975, als er gerade damit beschäftigt ist.

Präsentation auf der IAA im September 1977: Granada GLS Turnier in Oriongrünmetallic.

Durch die gerade Linie und den Wegfall des Buckels sind die Fensterunterkanten auf einer Ebene, alle Scheiben, auch die Heckscheibe, reichen gleich weit herab. Die Verwendung der Vordertüren des Vorgängers gaben die Positionierung der Flankenkante vor, darüber, in den Rückleuchten mündend, eine ausgeprägte Lichtkante. Uwe Bahnsen schuf ein sehr nüchternes und zugleich ausgewogenes Styling, einen wahrhaft großen Wagen, der durch sinnvolle Gestaltung aus des Fahrers Position übersichtlich wirkt und sich nicht wie ein Straßenkreuzer manövrieren ließ. Die sachliche Karosserie des Granada II war ein wesentlicher Fortschritt gegenüber dem Vorgänger.

Es gab kein Coupé mehr, sondern die drei Karosserievarianten zweitürige Limousine, viertürige Limousine und Turnier. Die Ausstattungsumfänge orientierten sich zunächst am Vorgänger: Basis, L, GL und Ghia (zunächst nur als viertürige Limousine), dazu das S-Paket. Keine grundlegenden, technischen Änderungen, denn die Bodengruppe und somit der Radstand blieben identisch zum Vorgänger, ebenso das Fahrwerk. Und auch die Motorenpalette blieb nahezu gleich, die bewährten Kölner V6, ein schmalbrüstiger V4 als Einstandsmotorisierung spielte kaum eine Rolle und war mit dem schweren Wagen ebenso überfordert wie mit seinem Image. Ein Granada war ein V6! Dann gab es noch, dem Zeitgeist gehorchend, zwei von Peugeot zugekaufte Indénor-Wirbelkammer-Dieselmotoren, furchtbar raubeinig und furchtbar schwach: 1,9 Liter mit 54 und 2,1 Liter mit 63 PS, allenfalls für Taxifahrer von Interesse (lieferbar ab Januar 1978). Den kleineren Diesel nahm Ford bereits 1978 aus dem Deutschland-Programm, im Export war er weiterhin erhältlich in Ländern, in denen Motoren über 2 Liter einer Luxussteuer unterlagen oder auch der Dieselkraftstoff deutlich billiger war als Benzin (zum Beispiel Italien).

Der 1700er-V4 mit, je nach Verdichtung, 70 oder 73 PS tat sich schwer. In der 2-Liter-Klasse bot Ford eine Alternative, entweder den Kölner V6 mit 90 PS, etwas schwach für das große Auto, aber prestigeträchtig und mit klasse Sound, oder den Pinto-Motor, also einen 2-Liter-

Jenseits des Eisernen Vorhangs: In Hamburg zugelassener Granada L im Oktober 1979 im polnischen Posen, umreiht von Trabant und Polski-Fiat 126, wohl ein Besucher der polnischen Konsumgütermesse.

Auf der polnischen Messe zeigte auch Ford Präsenz und verteilte Prospekte: Granada 2.0 L und Escort II Sport auf dem Posener Freigelände 1978.

Reihenvierzylinder mit 99 PS, rauer laufend, akustisch präsenter und weniger ohrenschmeichelnd, sparsamer und dank zehn Prozent mehr Leistung deutlich agiler. Unberührt blieb der 2,3-Liter-V6, weiterhin 108 PS, die Standardmaschine für den Granada mit S-Paket. Kein 2,6-Liter-V6 mehr, auch kein englischer 3-Liter mehr, dafür der 2,8-Liter-V6, der im letzten Modelljahr des Einser-Granada seinen Einstand als Einspritzer gegeben hatte. Dieser nunmehr mit 160 statt zuvor 150 PS, und ergänzend dazu gab es noch eine 135 PS starke Vergaser-Version des 2,8ers, quasi der Nachfolger des bisherigen Granada 3 Liter.

Den Innenraum gestaltete Ford analog zur Karosserie, sehr sachlich, Verzicht auf nahezu alle Rundungen. Besonders krass kommt dies bei der Instrumententafel zum Tragen, die nicht nur in sich rechteckig ist, sondern auch aus lauter viereckigen Einzelsegmenten besteht, jedes Zusatzinstrument, jedes Bedienelement bekam seinen eigenen Sektor. Mittig, gut im Blickfeld, die beiden runden, großen Zentralarmaturen, dazwischen zwei kleine. Eine Neukonstruktion war das Heizungs- und Belüftungssystem, das innerhalb von 20 Sekunden das gesamte Luftvolumen austauscht, ohne dass die Fenster geöffnet werden müssen. Das System ist ausgerichtet auf die als Extra lieferbare Klimaanlage. Guter Einfall: der Erste-Hilfe-Kasten in die Hutablage integriert.

Wie bisher unterschieden sich die Versionen durch graduell bessere Ausstattung voneinander, außen und innen. Das Basismodell (in manchen Ländern »Granada Custom« genannt) trug einteilige, glattflächige Nirosta-Radkappen mit Aussparungen für die Radmuttern, keine Flankenschutzleiste (dafür einen feinen, doppelten Klebestreifen), keine Chromzierleisten an den Seitenscheibenunterkanten, innen Gummifußmatten. Der preiswerteste Granada Zweitürer mit 1,7-Liter-Motor kostete im Januar 1978 genau 14.000 D-Mark (und ein Ghia S kam auf 24.000 DM). Für 700 DM Aufpreis gab es das L-Paket mit Gummi-Flankenschutzleisten, Chromleiste unterhalb der Seitenfenster, H4-Scheinwerfern, Teppichboden, Uhr, Tageskilometerzähler, hinterer Mit-

Liebling des arrivierten Bürgers: onyxgrüner Granada L von 1978 beim Picknick.

Neuwagen auf dem Händlerhof im April 1978: Granada 2.0 GL in Jupiterrotmetallic.

telarmlehne und den gleichen Radkappen wie das Grundmodell. Der Granada GL, serienmäßig mit dem 2-Liter-V6 motorisiert, bietet Servolenkung, auf Komfort abgestimmte Gasdruck-Stoßdämpfer, 185er-Reifen auf Stahlsportfelgen mit Chromzierringen (identische Felgen wie beim Einser-Granada), hinten aufstellbares Stahlschiebedach, von innen verstellbarer Außenspiegel, Drehzahlmesser, innen etwas Holz, feinere Stoffe, große Mittelkonsole, bessere Geräuschdämmung. Darüber rangiert der Ghia mit 2,3 Litern, Alufelgen, Metalliclack, getönten Scheiben, Zentralverriegelung inklusive Kofferraumdeckel, breiteren Flankenschutzleisten, etwas zusätzlichem Chrom (Zierleiste am Kühlergrill, an den Stoßstangen, Türeinstiegsleisten etc.), innen hochflorigem Teppichboden, Radio mit drei Lautsprechern, innen noch feinerem Zwirn, besonderen Türinnenverkleidungen, weiträumiger Verwendung von Edelholzfurnier. Ganz feine Sache: stufenlos einstellbarer Scheibenwischer-Intervallschalter. Der Ghia ist ein kultiviertes Automobil mit gepflegter Atmosphäre.

Das S-Paket, lieferbar für Granada L, GL, GL Turnier und Ghia: auf Sportlichkeit abgestimmte Gasdruck-Stoßdämpfer, stärkerer Stabi vorne, progressive Federkennung hinten, Alufelgen mit Michelin-Reifen 190/65 HR 390 TRX, vollständige Uhrensammlung inklusive Drehzahlmesser, Ampèremeter, Öldruckanzeige, Sportlenkrad, Servolenkung. Der Aufpreis für das S-Paket war unterschiedlich, je nach Grundausstattung. So wurde es beim Ghia nur mit knapp 500 D-Mark berechnet, beim Granada L kam es auf 3350 DM. Als Extras für alle Granada gab es Automatik, hintere Niveauregulierung, Anhängekupplung, rechter Außenspiegel, Vinyldach (schwarz oder braun, nur Limousinen), Nebelscheinwerfer (waren Standard bei den höher positionierten Vorgängermodellen!), Scheinwerfer-Waschanlage, die Behr-Klimaanlage war mit 1871 DM das teuerste Extra vor der Lederpolsterung mit 1798 DM, Recaro-Fahrersitz, elektrische Fensterheber und Antenne. Taxifahrer und Flottenbesitzer votierten für eine Kunstlederausstattung (nicht Ghia). Zwölf Außenfarben umfasste die Anfangs-Palette, was nicht viel ist, darunter fünf Normal-, zwei Signal- und fünf Metallicfarben. Das braune Vinyldach gab es nur in Kombination mit Inkagoldmetallic, Diamantweiß und Nevadabeige. Als Innenraumfarben zur Wahl standen Safari- oder Terrabraun, Nachtschwarz oder Tuaregblau.

JV 632

Mondäne Umgebung in Nizza, am Straßenrand ein in Bern zugelassener Granada 2.8 Ghia.

Von Anfang an lieferte Ford den Granada II werksseitig als Taxi in der Standardfarbe Hellelfenbein. Motoren: 1,7-Liter-V4 (70 oder 73 PS), 2- oder 2,3-Liter-V6, 2,1-Liter-Diesel. Innen: Kunstlederpolster mit eigens entwickeltem Taxi-Fahrersitz, verstärkte Heizung, Gummibodenmatte, taxispezifische Ausstattung, lieferbar als Basis- oder L-Modell. Den Mercedes W 123 und W 124 taten die Taxi-Modelle von Ford und Opel nie weh. Aber beide spürten sie. Was Granada und Rekord eben nicht zu bieten hatten, Daimler-Benz aber schon, und was der Taxler braucht: 24-Stunden-Service durch die Niederlassungen. Das konnten Ford- und Opel-Händler nicht leisten.

Der Name als Adelstitel: Ghia Turnier

Bis 1981 tat sich am Granada nichts Essenzielles, aber Ford betrieb regelmäßige Modellpflege und vor allem Ausstattungsaufwertungen. In den ersten beiden Modelljahren gibt es ja auch kaum Gründe für eine Modellpflege, zumal Ford mit den Verkäufen zufrieden sein konnte: Das Auto gilt als neu. Am 26. Oktober 1978 lief der einmillionste Granada vom Band. Die Gasdruckstoßdämpfer, zunächst dem GL vorbehalten, hielten im Mai 1978 auch im Basis- und L-Modell Einzug. Zum Modell-

Perfekter Urlaubswagen: Granada GL in Stratosilbermetallic, und weil der große Kofferraum immer noch zu klein war, muss er einen Dachgepäckträger erdulden.

Inkagoldmetallic war eine populäre Farbe für den Granada II in den ersten Jahren, hier ein L-Modell. Am Haken ein Fendt-Wohnwagen. Eigentlich ein Lely, doch Lely hatte Konkurs gemacht und Fendt setzte die Fertigung fort.

Dieser Granada L, in sehr unwirtlicher Gegend unterwegs, zieht einen Eriba-Wohnwagen.

jahr 1979 hatten die großflächigen Radkappen für Basis und L ausgedient, die Wagen trugen nun Stahlsportfelgen. Ghia-Ausstattung ab Januar 1979 auch für den Turnier, Grundpreis 26.175 D-Mark, mit S-Fahrwerk und 2,8-Liter-Einspritzer kam er auf 29.705 DM und mit Überführung (445 DM) hatte er die magische 30.000er-Grenze überschritten. Der Luxus-Turnier war es Ford wert, seit langem wieder einen Extra-Prospekt für den Ghia aufzulegen. Der Ghia Turnier trug serienmäßig einen verchromten Dachgepäckträger auf der hinteren Dachhälfte, und alle Ghia wurden nun mit einer »Coach Line«, also einem feinen doppelten Zierstreifen entlang der Lichtkante, geschmückt.

Auf dem Genfer Salon im März 1979 präsentierte Ford den Granada GLD, also den 1,9-Liter-Diesel mit GL-Ausstattung. Damals, Ende der 1970er-, Anfang der 1980er-Jahre, herrschte infolge der zweiten Ölkrise eine gewisse Diesel-Euphorie vor. Das Modelljahr 1980 brachte ein paar zusätzliche Pferde: der 1700er V4 leistet nun ein PS mehr, also 71 in der Normalbenzin- und 74 in der Superbenzinversion, der 2,3-Liter-V6 ist um 6 Pferde stärker geworden (114 statt 108 PS), der 2-Liter-Reihenmotor nunmehr 101 statt 99 PS. Das Vinyldach war nach wie vor lieferbar, stieß aber kaum mehr auf Interesse, es ist ein Attribut aus den 1970ern. Das Grundmodell wurde aufgewertet und trägt nun (endlich!) auch einen Teppichboden, dazu verkleidete vordere Dachpfosten, Tageskilometerzähler und Uhr. Neue Türinnenverkleidungen mit Stoffeinlagen für das L-Modell, mehr Veloursbespannung im Inneren des GL. Alle Granada bekamen neue Sitze. Stoßstangen bei L und GL nun mit Kunststoffauflage, GL mit Hörnern.

Erneute Ausstattungsoptimierung für das Modelljahr 1981, ohne Mehrpreis: Das Basismodell erhält die frühere L-Ausstattung, L und GL werden entsprechend aufgewertet, der Ghia profitiert besonders. Bei ihm zählen nun zur Serie Automatik, Scheinwerferwaschanlage, vier Mal elektrische Fensterheber, hintere Kopfstützen, Halogenfernschein-

Auf den ersten Blick ein Granada II. Auf den zweiten ist der Wagen deutlich größer. Er kommt from down under und ist der australische Design-Klon des Granada II, der Ford Fairlane – im Bild ein 1982er Modell.

Welch ein Luxus: Eine Klimaanlage hatten in den späten 1970ern fast ausschließlich teuerste Luxusautomobile und nahezu alle US-Cars. Behr wirbt im 1978er Jahreskatalog der Schweizer Automobil Revue für seine Klimaanlagen, auch für den Granada.

Die einen kommen individuell, die anderen mit dem Reisebus: ziemlich neuer Granada L mit Zusatzscheinwerfern im Skigebiet, Aufnahme März 1982.

werfer und Stereo-Kassettenradio. Im Sommer 1981 lief die zweitürige Limousine aus, mangels Nachfrage. Dito bei Opel, sowohl beim Rekord als auch beim Commodore. Die zweitürige Limousine war ohnehin eine rein deutsche (und österreichische) Angelegenheit, im Export wurde sie entweder nicht angeboten oder kaum gekauft. Kein ausländischer Hersteller hatte in den 1970er-Jahren noch zweitürige Limousinen im Angebot, und in den meisten Ländern schlossen sich die Begriffe Limousine und Zweitürer ohnehin aus. In Frankreich hatten ab der Nachkriegszeit sogar Kleinwagen stets vier Türen. Die Zweitürer-Limousine mag für ein (Rentner-) Ehepaar in Ordnung gewesen sein. Aber letztlich hatte sie nur Nachteile: Die Türen waren immens groß, was wegen des Öffnungswinkels das Einsteigen in engen Lücken und Garagen erschwert, der Zugang nach hinten ist unbequem und die Optik zumindest fragwürdig, weil ein Zweitürer als Abart des Viertürers entwickelt wurde: Der Dachpavillon des Zweitürers ist unharmonisch wegen zu langer vorderer und zu kurzer hinterer Seitenscheiben.

Der Feinste und der Einfachste: links Ghia, rechts Basismodell, Werbeaufnahme vom August 1981.

2214 Teile anders: Der Granada '82

Im September 1981 erschien der Granada '82. Eine große Modellpflege, laut Ford wurden 2214 Teile geändert, optisch wie technisch. Der Franzose Patrick le Quément war von 1981 bis 1985 Leiter des Ford-Designcenters in Köln-Merkenich. Zunächst überarbeitete er den Granada II zum Granada '82 und hielt sich dabei sehr respektvoll an Uwe Bahnsens Styling. Richtig austoben durfte er sich später, beim Sierra und beim Granada-Nachfolger Scorpio. Zur Nomenklatur: Gelegentlich wird im Nachhinein vom Granada III gesprochen, wenn der Granada '82 gemeint ist. Das ist nicht nur verwirrend, sondern auch falsch. Die Briten bezeichnen den Scorpio (zu Recht!) als Granada III, denn auf der Insel hieß er weiterhin Granada. Außerdem: Wenn ein Facelift eine neue Nummerierung rechtfertigen würde, hätte schon der 1975 modifizierte Einser-Granada »Granada II« heißen müssen.

Der letzte »echte« Granada, also kein Scorpio mit »Granada«-Schriftzug, ist der Granada '82, der coolste, der lässigste Ford, der letzte, bevor die weichgespülten Sierra und Scorpio und danach Mondeo, Focus und Cougar im New-Edge-Design kamen. Der Granada mit der Motorhaube bis zum Horizont, so schrecklich unvernünftig, fast schon ein bisschen amerikanisch: Hubraum ist durch nichts zu ersetzen, außer durch noch mehr Hubraum. Kein Airbag: Man stirbt wie ein Mann. Und man tankt mit Bleiadditiv. Heute – heute ist der ultimative Granada Kult. Damals – 1982 – war er das letzte Aufbäumen einer zehn Jahre alten Konstruktion. Vom Granada II wurden noch richtige Stückzahlen

Zwei Granada '82 auf einem Foto, aufgenommen in Fulda vor dem Ladengeschäft des Blockflötenherstellers Mollenhauer & Söhne. Der Turnier ist in Diensten Mollenhauers und zieht einen Transportanhänger, links im Bild zeigt ein Einser-Granada sein Heck.

abgesetzt, er war der bestverkaufte Sechszylinder auf dem deutschen Markt. Der Scorpio danach war der Anfang vom Ende des großen Ford. Und der große Ford war eine Institution.

Wenig Neues in Sachen Motor beim Granada '82: Der 2,8-Liter-Einspritzer leistete nur noch 150 statt zuvor 160 PS, der 1,7-Liter-V4 wurde von einem 1600er-Reihenmotor mit 75 PS abgelöst, eine Variante des Pinto-Aggregats. Er blieb in Deutschland nur 1982 im Programm (weiterhin im Export). 1983 folgte ein 2-Liter-Reihenvierzylinder (ebenfalls Pinto) mit 105 oder 99 oder 90 PS, je nach Verdichtung, mit Super- oder Normalbenzin zu betreiben, und der weiterhin lieferbare 2,1-Liter-Diesel erfuhr im Folgejahr eine Hubraumerhöhung auf 2,5 Liter (69 PS), nicht für Turnier.

Für eine frischere Optik sorgte letztlich nur etwas Make-up, das aber augenscheinlich war. Insgesamt verteilten sich die von Ford propagierten 2214 neuen Teile auf rund 100 Änderungen am Auto, die von unterschiedlicher Bedeutung sind, angefangen vom neu abgestimmten Fahrwerk mit Konzentration auf die Hinterachse und verbesserter Lenkung über vollkommen neue Vollschaumsitze bis hin zu den Gurtschlössern. Innen blieb kaum etwas beim Alten, es gab auch neu gestaltete Türverkleidungen, schwer modifiziertes Armaturenbrett (nun nicht mehr in rechteckige Sektoren eingeteilt), neue Mittelkonsole, von innen verstellbare Außenspiegel und einen elektrisch zu bedienenden Kofferraumdeckel. Der war zwar ein Extra, aber ein sehr edles, das nicht jeder hatte. Der Granada '82 trug neue Stoßstangen und somit endlich das,

In voller Fahrt ein Granada GL mit Zusatzscheinwerfern und serienmäßigem Schiebedach.

Granada GL Turnier, und Windsurfen war Anfang der 1980er in Deutschland die angesagte Outdoor-Sportart. Der Massensport war aus Hawaii über USA nach Europa übergeschwappt.

was man gemeinhin Stoßstangen nennt, nämlich stabile U-Profile, deutlich um die Ecken gezogen, mit Gummiauflage. Allerdings waren zu den Zeiten, als er dies bekam, Stoßstangen bereits ein Attribut von gestern, moderne Wagen trugen Kunststoffstoßfänger. Der Lamellengrill verlor etliche dieser Lamellen und trug fortan nur noch deren drei, und die sind ab L-Modell in Wagenfarbe lackiert. Hinten stechen neue Rückleuchten ins Auge, auch in Dreier-Lamellenform, was einerseits mit dem Grill korrespondiert und somit ein wohl durchdachter Zug Patrick le Quéments war, andererseits den praktischen Vorteil hatte, nicht so schnell zu verschmutzen wie eine glatte Oberfläche. Der Granada bekam, erstmals seit 1972, neue Stahlfelgen, die Zeit der Sportstahlfelgen war vorbei. Basis und L-Modell trugen sie ohne, der GL mit einer kleinen, mittigen Chromkappe, darüber angesiedelte Modelle hatten die bekannten Alus. Das S-Paket für alle Ausstattungsversionen ab L-Modell gab es weiterhin, aber wer einen sportlichen Granada wollte, griff fortan zum 2.8 Injection.

Die Versionen: Schon das Basis-Modell war nun ein gut ausgestatteter Wagen und trug alles, was man zum angenehmen Fahren braucht (Ford sprach von »angemessenem Komfort«). Der L zusätzlich mit von innen verstellbaren Außenspiegeln, variablem Scheibenwischintervall, großer Mittelkonsole, einstellbaren Sitzlendenstützen, besserem Teppichboden, anderen Türinnenverkleidungen. Der GL mit 2,3 Litern mit Zentralverriegelung, getönten Scheiben, mehr Chrom an den Stoßstangen und an den Flankenschutzleisten, innen einer Digitaluhr mit Stoppfunktion, Leseleuchten, feineren Stoffen und Hochflorteppichboden, besserer Geräuschdämmung, kompletter Instrumentierung, Holz am Armaturenbrett und Teppichboden im Turnier-Laderaum. Der Ghia mit noch feineren Stoffen, hinteren Kopfstützen, dazu eine aufwändige Radioanlage mit Kassettenbox in der Konsole, Innenbeleuchtung mit Verzögerungsrelais, Holz auch an Konsole und Türverkleidungen.

Eine neue Variante beim Granada '82 ist der 2.8 Injection (was Ford allerdings kleinschrieb, sowohl in der Werbung als auch auf dem

Ein Granada Ghia schindet Eindruck. Ob er allerdings auf die Dame wirkt, und ob vor allem sein Fahrer erfolgreich sein wird, bleibt der Fantasie des Betrachters überlassen.

Kofferraumdeckel; Kleinschreibung war damals modern). Der 2.8 Injection, lieferbar als Limousine und Turnier, basierte auf dem GL, trug auch einige Ghia-Attribute und das komplette S-Paket. Aber er war kein GLS (den es nach wie vor gab), sondern ein eigenständiges Modell mit tief herabgezogenem Frontspoiler und eingeprägtem »2.8 i«-Logo, Heckspoiler, vorne innen belüfteten Scheibenbremsen, Motorraumbeleuchtung, die Alufelgen in Beigemetallic lackiert, Stoßstangen und Außenspiegelgehäuse in Wagenfarbe, Fenstereinfassungen, Türgriffe und Regenrinnenzierleiste in Mattschwarz (beim Turnier auch der Dachgepäckträger). Ebenfalls vorhanden waren Stoßstangenhörner, Halogenscheinwerfer, Seitenzierstreifen und innen vordere Recarositze. Automatik war nicht lieferbar. Der Heckschriftzug, nicht aus verchromtem Metall, sondern aufgeklebt und farblich passend zur Karosseriefarbe, ist so lang, dass er fast bis zum Kofferraumschloss reicht. Ein Ghia mit S-Paket und 2,8-Liter-Motor kam auf 33.000 D-Mark, ein 2.8 Injection auf 30.200 DM. Somit blieb der Ghia das Flaggschiff, aber der 2.8 Injection erhielt mehr Aufmerksamkeit, auch seitens der Fachpresse. Die beginnenden 1980er-Jahre waren die Hochphase des Tuningwahns, und in diese Zeit passte ein Wagen mit Spoiler und mattschwarzen Zierteilen eher als ein Luxusliner mit viel Chrom.

Weiterhin bot Ford etliche Einzelextras an, am wenigsten logischerweise für den nahezu all-inclusive-Ghia. Ein Vinyldach gab es für den Granada '82 nicht mehr. Ein wichtiges technisches Detail, damals noch aufpreispflichtig, war das Fünfganggetriebe, Automatik bei allen

Keine einzelnen Sektoren mehr in der Instrumentenkanzel, sondern eine eher konventionell-übersichtliche Darstellung. Im Bild Granada GL mit Holzfurnier.

Der bestausgestattete Turnier, ein 2.8 i Ghia in Gletscherblaumetallic, aus der ersten Etage fotografiert. Platznachbar ist ein kurzer Mitsubishi Pajero L040, Aufnahme 1983, beide Autos sind brandneu.

Derselbe Wagen mit neuem Kennzeichen nach Umzug seines Eigentümers, nunmehr nicht mehr gar so neu, aber gut gepflegt: Großglockner im Mai 1988.

Es gibt kaum etwas mehr Erregendes (in Sachen Autofahren) als ein Drift mit einem potenten Hecktriebler: Granada 2.8 Injection, der chromlose Granada.

Modellen aufpreispflichtig (auch beim Ghia), 25-%-Sperrdifferenzial, Niveauregulierung für die Hinterachse, Halogenscheinwerfer, Scheinwerferwaschanlage, Schiebedach, auch elektrisch (Serie bei Ghia). Ein typisches Extra der frühen 1980er war ein Econom-Warnmelder, der zu Sprit sparendem Fahren erziehen sollte, und natürlich blieb auch der Granada nicht von einem Bordcomputer verschont, der damals eher Spielfunktion hatte. Ab GL aufwärts war eine graue oder braune Lederausstattung lieferbar, es gab elektrische Sitzverstellung und sogar heizbare Vordersitze. Wer es auf die Spitze trieb, konnte einen Granada 2.8 Ghia, Grundpreis 28.555 D-Mark, auf über 40.000 DM bringen, und dann trug das gute Stück immer noch nicht alle Extras.

Der Granada '82 war die krönende Endausführung und blieb von Modellpflege dennoch nicht verschont. Die 2,5-Liter-Dieselversion wurde schon 1982 nachgereicht, ebenfalls mit Fünfgangbox, lieferbar für Basis, L und GL. Für das Modelljahr 1983 wertete Ford sämtliche Versionen auf: Servolenkung für alle Modelle serienmäßig und das Fünfganggetriebe gegen Aufpreis, die Basisversion (im Export nach wie vor »Custom« genannt) entfiel. Granada L und GL nun mit die gesamte Felgengröße abdeckenden Kunststoffradkappen, das L-Modell mit Holz am Armaturenbrett. In seinem letzten vollen Modelljahr 1984 nahezu keine Änderungen mehr, außer der nun lieferbaren Zweifarben-Metalliclackierung für L, GL und Ghia, in Komplementärfarbe lackiert war der untere Karosseriebereich unterhalb der Flankenschutzleiste. Das dürfte den Briten besser gefallen haben als den Kontinentaleuropäern. Die letzte Preisliste vom Oktober 1984 zeigte ein reduziertes Angebot an Extras, so entfiel beispielsweise die Lederausstattung.

Zwischen August 1977 und Februar 1985 liefen 918.969 Granada II vom Band. Zusammen mit den 504.747 Granada der ersten Generation ergibt dies 1.423.716 Fahrzeuge. Dazu kommen 218.368 Exemplare des Granada I aus Südafrika, sodass weltweit insgesamt 1.642.084 Ford Granada produziert wurden – ohne die Scorpios, die in Großbritannien unter dem Namen Granada verkauft wurden. Am 20. März 1985 lief die Produktion des Ford Scorpio an.

Stoßstangen und Außenspiegel in Wagenfarbe und ein tief herabgezogener Gummispoiler kennzeichnen den 2.8 Injection von vorne.

Serienmäßiger Heckspoiler, der aber nicht neu, sondern schon zuvor im Ford-RS-Zubehörprogramm erhältlich war.

Sondermodelle: Die Braune Mauritius und andere Leckereien

Der Trend zu Sondermodellen setzte Ende der 1960er-Jahre ein. Zuvor war eine Absatzförderung quasi unnötig gewesen. Ab dem Wirtschaftswunder in den 1950ern und in der ersten Hälfte der 60er, als die Wirtschaft weiter boomte und die Westdeutschen auf einem sehr hohen Niveau lebten, verkauften sich Autos in der Bundesrepublik Deutschland quasi von selbst. Ausgerechnet in der Zeit, als der »Vater des Wirtschaftswunders«, Ludwig Erhard, Kanzler war, 1966/67, erlebte die Bundesrepublik ihre erste Wirtschaftsdelle. 1967 gab es erstmals kein Wirtschaftswachstum, und die Bundesregierung beschloss ein Sparprogramm. Der private Konsum ließ unter diesen Rahmenbedingungen nach.

Die Autohersteller reagierten auf die Situation mit ersten Sondermodellen, Vorreiter war Opel. In den frühen 70ern setzte der Sondermodell-Boom ein. Besonders komplett oder besonders preiswert ausgestattete Fahrzeuge sollten den Absatz in Zeiten dümpelnder Konjunktur, aber auch im verkaufsschwachen zweiten Lebenszyklus eines Automodelllebens ankurbeln. Einen Höhepunkt erlebten sie in den Jahren 1973 und 1974, als der Automobilverkauf wegen der Ölkrise und, in deren Folge, der Benzinverteuerung, ideologischen Autoverdammung und autofreien Sonntage ins Bodenlose stürzte. Seitdem sind spezielle Auflagen ein fester Bestandteil im Programm der Massenhersteller. Dem Wunsch der Käufer nach Individualität folgend, legten die Anbieter fortan großen Wert darauf, dass deren Stückzahlen klein sind und somit Exklusivität garantieren. Aber es ist hierbei, wie bei den meis-

Die »Ford-Parade« vom Frühling 1973 beinhaltete mehrere Typen, darunter vier Consul-Varianten mit Preisvorteil.

ten Limitierungen: Das Versprechen der Exklusivität ist zumeist eine hohle Phrase. Die Hersteller wissen genau, wie viele Fahrzeuge einer Art sie verkaufen können, und genauso viele produzieren sie – das war damals so und das ist heute so. Ausnahmen bestätigen allerdings die Regel. So hätten vom Granada Chasseur viel mehr als die produzierten 500 Exemplare verkauft werden können.

Der Ford Granada war weniger vom Sondermodell-Boom betroffen als massentaugliche Fahrzeuge der kleinen Klasse oder unteren Mittelklasse. Granada-Käufer mussten nicht jeden Pfennig umdrehen und waren weniger affin für Sonderangebote. Denn ihnen haftet, trotz aller Attraktivität, der Nimbus des Preiswerten an. Und das lag nicht im Interesse des Kunden, der sich für einen Granada interessierte. Er hatte Geld, war stolz darauf, und wollte das auch bis zu einem gewissen Grad nach außen demonstrieren. Dennoch gab es Sondermodelle, und durch die insgesamt lange Bauzeit sind es deren einige.

Noch vor der Ölpreiskrise und dem allgemeinen Schock setzte Köln im Frühling 1973 auf »Die neue Ford-Parade« anlässlich sieben Millionen produzierter deutscher Ford seit 1925, und bot Sondermodelle des Escort, Taunus, Capri und Consul an. Der Parade-Consul war in Maisgelb, Sebringrot, Kupferbraun-Metallic und Hellbraun-Metallic lieferbar, zwei- und viertürig als 1700er sowie nur zweitürig als 2,3 Liter mit Automatik. Alle Versionen verfügten über die erweiterte L-Ausstattung: Vinyldach beim Zweitürer, Metalliclack beim Viertürer, heizbare Heckscheibe, Teppichboden, Stoßstangen und Seitenschutzleisten mit Gummieinlagen, Interieur stets schwarz. Das war das einzige Sondermodell des Consul/Granada der ersten Serie vor dem 1975er-Facelift.

Vom überarbeiteten Granada I gab es fünf Spezialeditionen, das ausgesprochen schöne Sondermodell anlässlich 50 Jahre Ford Köln, den schwarzen Ghia Executive, den 1976er Traveller sowie 1977 die beiden Modelle Traveller '77 und Favorit '77. 1975 feierte Ford das fünfzigjährige Bestehen seiner deutschen Filiale: im August 1925 gegründet, ab Januar 1926 Produktion des Model T in Berlin-Moabit, 1930 Umzug von Berlin nach Köln, Produktionsbeginn des Model A im Mai 1931 in Köln-Niehl. Das war natürlich Anlass genug für ein besonders prächtiges Sondermodell, präsentiert auf der IAA 1975. Basierend auf dem L-Modell mit 2- oder 2,3-Liter-V6, nur als Viertürer lieferbar, Lackierung in Arizonagold-Metallic, mit Scheinwerfer-Wisch/Waschanlage, Halogenscheinwerfern, von innen verstellbarem Außenspiegel, Automatikgurten, Kopfstützen, das Gestühl mit höherwertigen GL-Bezügen in schwarz-goldener Farbe, Armaturenbrettblende aus Holz, dem Ghia entlehnt, darauf ein Messingschildchen mit dem eingravierten Namen des Erstbesitzers. Der Gag war allerdings die Art der Lackierung: Beide Stoßstangen waren nicht verchromt, sondern in Wagenfarbe lackiert, und die normalerweise schwarzen Inserts der Stahlsportfelgen glänzten ebenfalls in Arizonagold. Alle anderen Chromteile waren mattschwarz. Das sah schon sehr außergewöhnlich und repräsentativ aus! Preis der 2-Liter-Version: 14.765 DM.

Maisgelber Parade-Consul, ein Consul L mit Vinyldach und Granada-Radzierringen, noch 1998 im Alltagsbetrieb.

Ein rundum schönes Sondermodell, dem man seinen besonderen Status auf den ersten Blick ansieht: Jubiläums-Granada, fotografiert als Neuwagen auf dem Händlerhof im Herbst 1975.

Ebenfalls ein edles Stück war der Ghia Executive vom Oktober 1976, schwarz mit rotem Zierstreifen. Serienmäßig mit Dreiliter-Motor und Automatik, hellgrauer Velour-Innenausstattung, grüner Colorverglasung, Ronal-Kleeblatt-Alufelgen, speziellem Radio mit Cassetten-/Diktiergerät, Verkehrsfunkdekoder und Vier-Boxen-Soundsystem. Preis 24.950 DM. Ebenfalls Ende 1976 startete der Traveller als Viertürer (15.670 DM) und Turnier (16.400 DM) mit erweiterter L-Ausstattung und 2-Liter-V6, vier Metalliclacke zur Wahl, Sitzbezüge im GL-Design, Lederlenkrad, Halogen-Zusatzscheinwerfer im Grill, Radio.

Im März 1977, kurz vor Ablösung der Baureihe, lancierte Ford gleich zwei Sondermodelle, den Traveller '77 und den Favorit '77. Der Traveller '77 ist ein aufgewerteter Granada L als Viertürer oder Turnier in Veneziarot, Diamantweiß, Stratosilber oder Saturnblau als Schalter oder mit Automatik, 2 oder 2,3 Liter mit einigen Extras: Servolenkung, Zusatzscheinwerfer im Grill, Nebelschlussleuchte, 185er-Reifen auf einfarbig silbernen Stahlsportfelgen, von innen verstellbarer Außenspiegel, Sitzbezüge und Lenkrad vom GL-Modell, Armaturenbrettblende mit Holzmaserung vom Ghia. Preise: 15.680 DM (Lim.), 16.410 DM (Turnier).

Nirgends blitzt Chrom, außer am Heckschriftzug: Die Zierteile des Jubiläums-Granada sind mattschwarz, Stoßstangen und Felgeninletts in Wagenfarbe Arizonagold-Metallic. Gesellschaft erhält er von einem Escort L.

Der Traveller '77 mit den Zusatzscheinwerfern im Grill zitiert von vorne den Granada S und den verflossenen Consul GT.

Sondermodell auf Basis des Standard-Granada: Favorit '77 mit ein paar Extras, Seitenschutzleiste vom L-Modell, Sitze vom GL. Aber er behält die verchromten Fensterumrandungen des Grundmodells.

Deutlich weniger aufwändig war der Favorit '77 ausgestattet: Ein Granada 2-Liter in Veneziarot, Tropengrün, Stratosilber oder Saturnblau, basierend auf dem Grundmodell mit GL-Sitzen und -Seitenverkleidungen, ebenfalls Zusatzscheinwerfern im Grill und Nebelschlussleuchte, von innen verstellbarem Außenspiegel und 185er Reifen, die Stahlsportfelgen hier aber schwarz ausgelegt, optional Automatik, und beim Favorit kostete die Servolenkung im Gegensatz zum Traveller Aufpreis. Preise: 14.280 DM (Lim.), 14.970 DM (Turnier).

Vom Granada II sind zwei Sondermodelle in besonderer Erinnerung geblieben, der Saphir und der Super-Luxus-Turnier Chasseur. Eine herrliche Lackierung trug der Granada II Saphir von 1978, in Deutschland und England (dort Sapphire genannt) angeboten. Lackierung in dunklem Mitternachtblau, unterhalb der Lichtkante in Stratosilber-Metallic, Alufelgen, Servolenkung, Zentralverriegelung, elektrische Fensterheber, Schiebedach, Scheinwerferwaschanlage, Nebelscheinwerfer und auf Wunsch eine schwarze Lederausstattung. 1000 Exemplare wurden gebaut, 2,3 oder 2,8 Liter in Deutschland, auf der Insel nur die große Maschine. Uninspiriert war der Granada Holiday im Jahr 1979, ein Granada L (2 oder 2,3 Liter) mit GL-Sitzen, innen ein wenig Ghia-Holz, außen Chrom-Radzierringe.

Im Juni 1980 kam dann der Hammer, der Granada Turnier Chasseur, wohl das spektakulärste Granada-Sondermodell, gleichermaßen in Kontinentaleuropa und auf der Insel im Angebot – der Anlass soll angeblich gewesen sein, dass 1980 die Olympischen Spiele in Moskau stattfanden, die dann tatsächlich von etlichen Nationen wegen des Einmarschs der Sowjets in Afghanistan boykottiert wurden.

Unter Granada-Freunden ist dieser Wagen die Braune Mauritius und der Heilige Gral in einem, schlichtweg das Erstrebenswerte in der Sammlung. Der Chasseur basiert auf dem Turnier in GLS-Ausstattung, und durch seine Lackierung und seine ganze Erscheinung atmet er den puren Zeitgeist der ausgehenden 1970er- und beginnenden 1980er-Jahre. Der Wagen ist in Roman Bronze (Dunkelbraunmetallic) lackiert, unterhalb der Seitenschutzleisten Tuscan Beige Metallic und trägt an der Lichtkante einen goldfarbenen Zierstreifen mit integriertem, rotem Chasseur-Piktogramm im Otl-Aicher-Stil (mehrere Sportler in Aktion), Dachgalerie schwarz. Die Alus mit den üblichen Michelin-TRX-Reifen in Champagnermetallic lackiert. Der Innenraum auf Ghia-Niveau ist ebenfalls in Braun gehalten, sogar der Himmel, Recaro-Ledersitze im Farbton Jamaicabraun (die Briten sagten: bitter chocolate) mit Sitzflächen und Inletts der Türverkleidungen in kariertem Chatham-Stoff. Zur Chasseur-Ausstattung gehören vier farblich passende Lederkoffer.

Edel wie ein Edelstein: Granada Saphir von 1978 in Mitternachtsblau und Stratosilber.

Ein eher langweiliges Sondermodell ist der Granada Holiday von 1979 – vor allem, wenn man ihn am Saphir misst. Eben ein Granada L mit ein paar Extras.

Das spektakulärste Granada-Sondermodell aller Zeiten und wohl der unter Sammlern begehrteste Granada der zweiten Generation: Der Luxus-Turnier Chasseur atmet puren Zeitgeist, und in originalem Zustand mag allenfalls eine Handvoll überlebt haben. Das Foto zeigt das Cover des britischen Verkaufsprospekts.

Innenteil des britischen Chasseur-Faltprospekts von 1980. So elegant das Äußere – aber karierte Sitzflächen sind gewöhnungsbedürftig.

CHASSEUR

A classic and highly individual Granada Estate Car

The Ford Granada Chasseur is a special Granada 2.8 Estate, designed to appeal to those who require an extra special touch of luxury and individuality.

Exterior The first impression will be the special body colour scheme in two-tone Roman Bronze and Tuscan Beige, with an elegant gold pinstripe on the side of the body, the wheel arches and the bonnet top, plus a special Chasseur decal on the front fenders and tailgate.

The alloy road wheels with low profile Michelin TRX tyres are coloured in gold with black wheel cap nuts.

Other features such as the roof rack, door mirrors, bumpers and electrically operated radio aerial are finished in black. Headlamp washers are also fitted.

Interior The individual styling and colour scheme is continued inside the car with Granada Ghia style seats in Bitter Chocolate coloured leather with 'Chatham' fabric seat centre inserts front and rear. Seat valances are also leather trimmed.

Door trims have 'Chatham' fabric inserts, leather trimmed top rolls and arm rests and a matching carpeted lower section. The colour styling extends throughout the car including the headlining, sunvisors, and the cut pile carpet even in the loadspace.

Other features are a mono radio/stereo cassette with superb sound from 4 speakers, plus a centre console unit with leather trimmed arm rest and handbrake gaiter.

Automatic transmission is fitted as standard, as are electric front and rear windows and all round tinted glass.

Finally as an additional special feature, the load compartment is provided with four practical simulated leather holdalls.

CHASSEUR

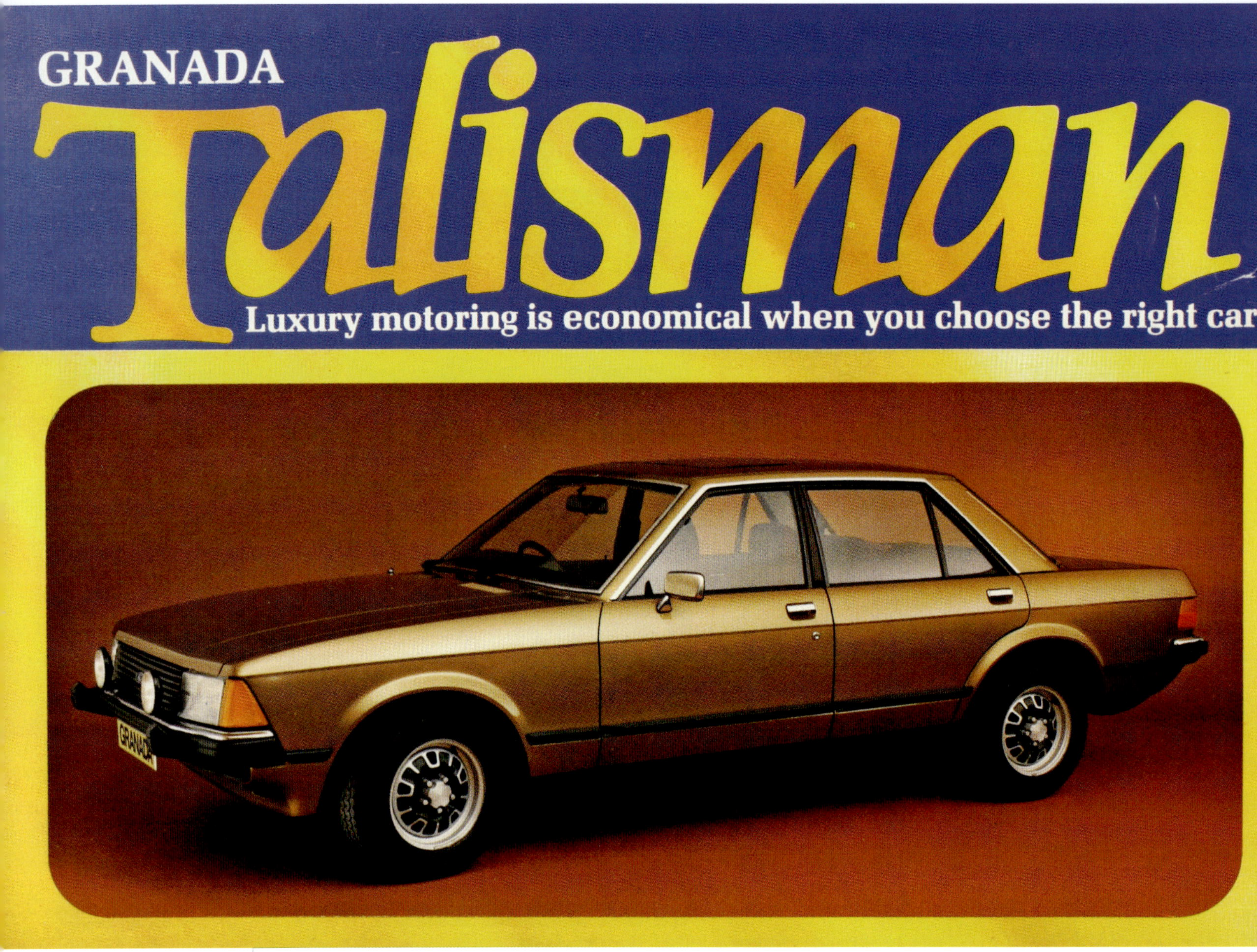

Ein Talisman ist ein guter Begleiter, der Glück bringt. Eine wohlgewählte Bezeichnung für das britische Sondermodell des Jahrgangs 1980.

Den Chasseur gab es in Deutschland mit dem 2,3-Liter-V6, in Großbritannien mit 2,8-Liter-Vergasermotor mit Automatik oder, gegen Aufpreis, mit Einspritzmotor als Schalter, weitere aufpreispflichtige Extras waren Zusatzscheinwerfer, Nebelscheinwerfer, Klimaanlage, hintere Gurte und diverse Radios. 500 Exemplare wurden hergestellt, und sie waren ratzfatz verkauft. Dieser Wagen hatte keine Konkurrenz und sicherlich hätten viel mehr verkauft werden können. Das einzig Vergleichbare dürfte die ungefähr zeitgleiche Sonderserie des französischen Karosseriebauers Heuliez auf Basis des Citroën CX Break gewesen sein, der Heuliez CX Evasion, hinten sogar um 16 cm verlängert. Einem Chasseur zu begegnen, ist selten. Wer einen in bewegten Bildern sehen möchte, dem sei die Tatort-Folge »Blaßlila Briefe« von 1982 empfohlen. Darin fährt der gehörnte Ehemann Herr Steinbeiss (Wolf-Dietrich Berg) mit einem Chasseur durch Baden-Baden, der Wagen ist in einigen Szenen sehr prominent zu sehen. Einen deutschsprachigen Chasseur-Prospekt gab es nie, aber Zeitschriftenwerbung. Ford-UK druckte einen Prospekt.

Der '81er Consort, ein Sondermodell von Ford UK, zeichnet sich durch seine ungewöhnliche Zweifarbenlackierung im Stile des Chasseur aus. Abgebildet ein Consort in Forest Green Metallic, der untere Teil in hellem Crystal Green Metallic gehalten, Zierstreifen grün.

Im »Chasseur-Jahr« 1980 konnten britische Ford-Kunden auch den Granada Talisman kaufen. Er basiert auf dem L-Modell (2-Liter-Vierzylinder oder 2,3-Liter-V6) in vier Farben (Dove Grey, Cobalt Blue, Tibetian Gold, Forest Green), innen Attribute der GL-Ausstattung (Sitzbezüge, Mittelkonsole) und Ghia-Holz am Armaturenbrett, Schiebedach, Scheinwerferwaschanlage, Zusatzscheinwerfer auf der Stoßstange montiert.

Im April 1981 erschien der Granada Topas in vier Farben (in Klammern Farbe des doppelten Seitenstreifens): Mitternachtsblau (hellblau), Diamantweiß (rot oder blaugrau), Tannengrün-Metallic (grün), Stratosilber (blaugrau), Graphitgrau-Metallic (rot) oder Tibetgold-Metallic (beige). Die Farbe des unteren Teils der Stoßstangen korrespondiert mit der Wagenfarbe, der obere Teil ist mattschwarz, Felgeninletts und Außenspiegelgehäuse ebenfalls in Wagenfarbe. Der Topas ist ein Viertürer mit dem 101 PS starken 2-Liter-Reihenvierzylinder mit besonders feiner Polsterung, großer Mittelkonsole, von innen verstellbarem Außenspiegel, rechtem Rückspiegel, 185er Reifen.

Sondermodell ohne Namen von 1984: das L-Modell als Limousine und Turnier mit ein paar Extras und dem GL-Grill.

Granada Riche – ein Sondermodell nur für den niederländischen Markt von 1984, Basis ist der 2-Liter mit L-Ausstattung.

Eine rein britische Angelegenheit war der 1981er Granada Consort (Slogan: »Big and Beautiful«), 2-Liter-Vierzylinder oder 2,3-Liter-V6, Basis Granada L mit Schiebedach, ein paar GL-Features im Innenraum, Ghia-Holz am Armaturenbrett und eine ungewöhnliche Zweifarbenlackierung. Beim Fahrzeug in Anthrazitmetallic ist der Bereich unterhalb der Flankenzierleiste in Stratosilber lackiert, dazu ein grauer Zierstreifen, und beim Modell in Forest Green ist der untere Teil in hellem Crystal Green gehalten, Zierstreifen grün. Und die Innenausstattung ebenfalls zweifarbig in korrespondierenden Tönen. Optional für den Consort: getönte Scheiben, vorne elektrische Fensterheber, Zentralverriegelung.

1982er-Sondermodelle waren das Paar Granada Gold und Granada Silber anlässlich der Werkseröffnung in Berlin-Zehlendorf auf Basis des L-Modells (Lim. und Turnier) in Champagnergold-Metallic oder Stratosilber und mit Servolenkung, angetrieben vom 2-Liter-Pinto-Motor. Diese beiden werden in der Granada-Szene manchmal auch als Sondermodell Berlin benannt, was aber nicht der offiziellen Ford-Bezeichnung entspricht (und deshalb für Verwirrung sorgen mag).

Gemeinsame Manneskraft bewegt ein 1973er Consul Taxi. Also nicht 75 PS, sondern 2 MS (= Mannesstärken).

Abwaschbare Sitzbezüge, Gummifußmatten statt Teppichboden, Taxameter: Der Arbeitsplatz des Taxifahrers im 1978er-Granada.

Granada II Taxi mit belgischer Zulassung in Brüssels Innenstadt, meist angetrieben vom 63 PS starken Peugeot-Dieselmotor. Aber der Granada-Taxler konnte auch mit einem feinen V6 unterwegs sein. Dann verdiente er am gefahrenen Kilometer weniger, aber er fuhr angenehmer.

POLIZEI

Eine ganze Flotte nagelneuer Ford Consul 1,7 Liter Streifenwagen mit Bosch-Rundumleuchte RKL 90 H: Indienststellung bei der Hamburger Polizei Anfang 1975.

Der Dienstherr der Polizisten, Hamburgs damaliger Innensenator Werner Staak (SPD), ließ sich ein medienwirksames Ausprobieren der neuen Dienstwagen nicht nehmen. Die Ford Consul 1,7 hatten Automatikgetriebe und waren damit 140 km/h schnell. Für den Spurt auf Tempo 100 benötigten sie 23 Sekunden.

Stolz auf seinen schicken Dienstwagen kann der Kommandant der Freiwilligen Feuerwehr im oberpfälzerischen Vohenstrauß sein, ein Granada GL mit Vinyldach. Die Aufnahme entstand in der Münchner Ludwigstraße anlässlich einer Parade.

Das letzte deutsche Granada-Sondermodell datiert vom Januar 1984. Offenbar war der Kreativling in der Marketingabteilung gerade krank oder im Urlaub, denn dieses Sondermodell hat keinen Namen. Es handelt sich um Limousine (19.935 DM) und Turnier (20.045 DM) mit 2-Liter-Pinto-Motor, Servolenkung, 185er-Reifen, aufgewerteter Innenausstattung, GL-Grill in Wagenfarbe und ein paar weiteren Extras, angeboten in allen üblichen Granada-Farben inklusive der Zweifarbkombinationen Nimbusgrün-Metallic über Stratosilber und Seeblau-Metallic über Gletscherblau-Metallic. Es gab in den letzten beiden Granada-Jahren weitere Sondermodelle der jeweiligen Importeure für den lokalen Markt, zum Beispiel die 1984er Granada 2.0 Riche und 1985er Granada 2.0 Savoy für den niederländischen Markt. Darüber hinaus sicherlich noch weitere.

Ausstellungsstück auf der IAA 1977, auf dem Ford-Nutzfahrzeug-Stand: Granada Turnier in Basisausstattung als werksseitig angebotener Notarztwagen. Die Edelstahlradkappen des frühen Basismodells sind heute ein sehr seltener Anblick.

In Aschaffenburg im Einsatz war dieser Notarztwagen, er basiert auf einem Turnier in L-Ausstattung.

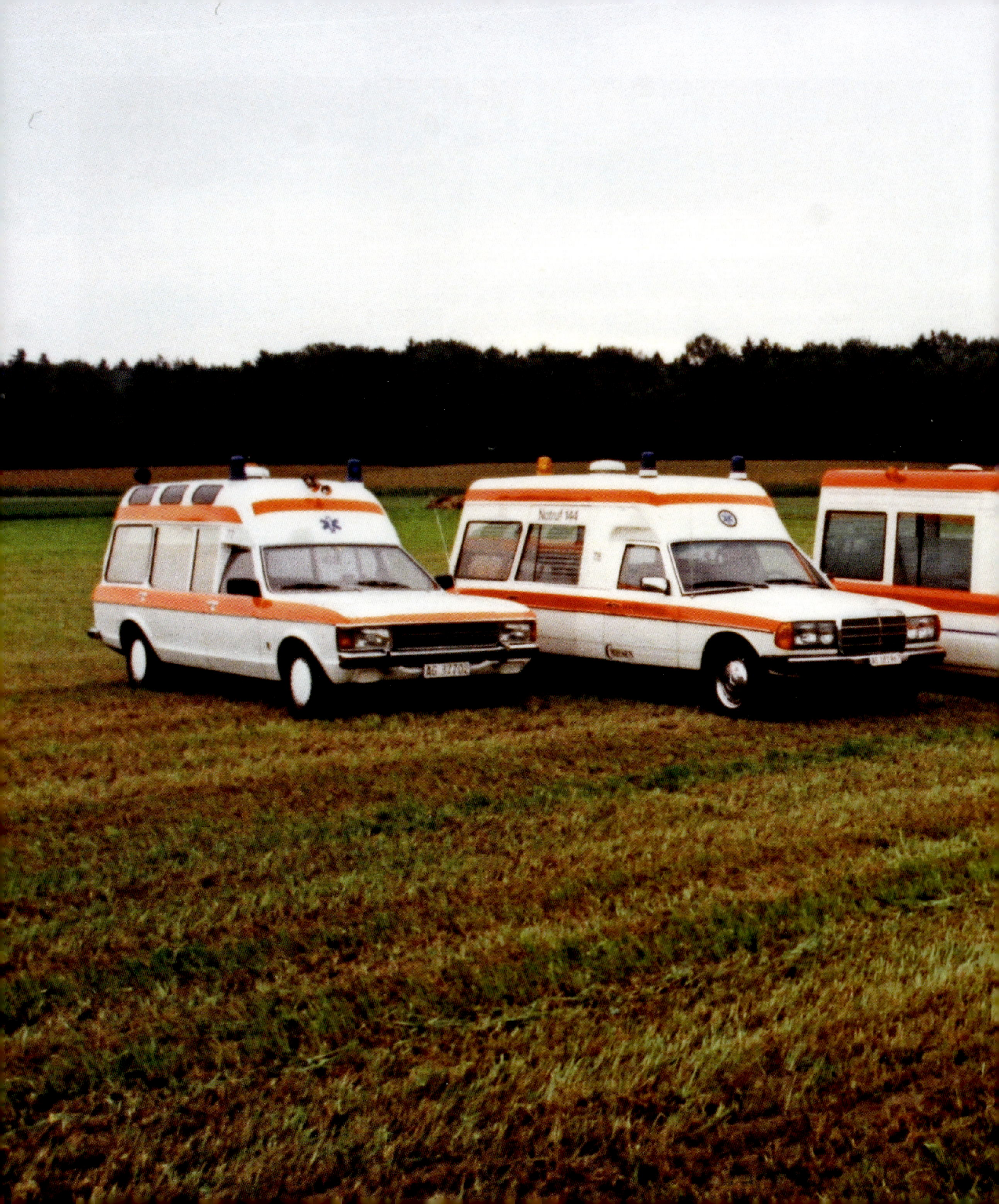
Notruf 144

144
144

Das typische »Miesen-Heck«: horizontal zweigeteilte Heckklappe in charakteristischer Gestaltung. Beim Innenausbau hat der Karossier wenig Gestaltungsspielraum, Krankenwagen sind nutzorientiert und unterliegen strengen Vorschriften.

Keine speziellen Editionen, aber auch Werks-Sondermodelle waren jene Fahrzeuge, die Ford für besondere Aufgaben lieferte. So gab es während der kompletten Consul/Granada-Zeit Taxis mit unterschiedlicher Motorisierung, Taxi-spezifischer Ausstattung und in der seit 1971 vorgeschriebenen Farbe Hellelfenbein (RAL 1015) lackiert. Von Anfang an hatten sowohl Ford Köln als auch Ford UK einen speziellen Taxiprospekt für die Kunden. Sodann baute Ford Polizei-Streifenwagen nach den Anforderungen der jeweiligen Landesbehörden mit polizeispezifischen Eigenheiten inklusive Rundumleuchte, Sirene, Funkanlage (man nannte das »Behördenausrüstung«), und eine Ableitung davon waren Dienstwagen für Feuerwehrkommandanten. Ab Werk bekam man in Köln auch einen Granada Turnier als Notarzt-Einsatzfahrzeug ohne Karosserieveränderungen. Dezidierte Krankenwagen mit entsprechender Ausstattung baute in erster Linie der Spezialist Miesen in Bonn, im Ausland waren die jeweiligen, landesüblichen Spezialfirmen dafür zuständig – je nach Wunsch des Auftraggebers. Das gleiche, nämlich der Wunsch des Auftraggebers, gilt auch für Bestattungswagen. Der Granada diente gerne als Basis für große, schwarze Kombis für die letzte Fahrt, denn er war qualitativ dem Mercedes weitgehend ebenbürtig, hatte die nötige Karosseriebreite und -länge und war überdies günstiger als der Mercedes. Die üblichen Verdächtigen in Deutschland nahmen sich des Consul und Granada an (Pollmann in Bremen, Rappold in Wülfrath, Stolle in Hannover, Welsch in Mayen), wobei Pollmann am häufigsten auf Ford-Basis karossierte, da der Betrieb ab 1952 zusätzlich eine Ford-Vertretung innehatte.

Granada '82 mit Miesen-Aufbau des Roten Kreuzes Bezirk Schwaz in Tirol. Die Sportstahlfelgen stammen von einem älteren Modell.

RETTUNG

Die Grundversion des Bestattungswagens ist ganz einfach ein im hinteren Bereich verlängerter Kombi, hier ein 1972er Consul Turnier. Das schwarze Vinyldach sieht nicht nur schick aus. Es überdeckt auch die Schweißnähte der Verlängerungsarbeiten.

Typischer Bestattungswagen: Serienradstand, verlängertes Heck, erhöhtes Dach, zweitürig. Untypisch für die Zeit ist allenfalls die Lackierung in Anthrazitgraumetallic. Consul von 1972/73 mit Stolle-Aufbau.

Die Dacherhöhung dient dazu, dass ein mit Blumen geschmückter Sarg im Inneren transportiert werden kann.

Sehr wuchtig gestaltet: zwar viertürig, aber die komplette Innenraumlänge wird für den Sargtransport benötigt. Das hintere Seitenfenster oder der verblechte hintere Bereich sind inkonsequent. So oder so benötigt man Schabracken, um den Blick ins Innere zu verwehren. Interpretation von Stolle.

Auf den ersten Blick ein Serien-Turnier. Aber nur auf den ersten. Verlängerter Hecküberhang zur Vergrößerung der Ladefläche, ein Pollmann-Umbau für privat.

Verlängerter Serien-Kombi mit verblechtem hinterem Seitenbereich, verziert mit einer verchromten Sturmstange im Stile der 1930er-Jahre.

Charakteristisch für Pollmann-Bestattungswagen sind die glänzenden Aluminium-Verkleidungen zwischen vorderer Seitenscheibe und Sargraumfenster.

Pollmann-Bestatter auf facegeliftetem Granada II, zweitürig, hinten verlängert, Dach erhöht. Aufnahme im März 1982 auf dem Pollmann-Werksgelände in Bremen, der fertige Wagen bereit zur Abholung.

Später Granada Bestattungswagen von Welsch in Mayen, ebenfalls im Heckbereich verlängert, aber mit eigener Heckgestaltung.

Made in England: Nur der Einser-Granada

Der große Ford hatte im Vereinigten Königreich traditionell einen höheren Stellenwert als in Westdeutschland. Denn die Briten hatten damals kein Äquivalent zum Mercedes. Der große Ford nahm die Stellung eines wertigen Gebrauchsautomobils ein, ohne eine Liebhaberangelegenheit (wie beispielsweise der Jaguar) zu sein. Er war auf der Insel auch höher positioniert als in Westdeutschland, wo 17m und 20m eher in der 2-Liter-Klasse (plus/minus) angesiedelt waren. Der große Rivale des Granada auf der Insel waren der Rover P6 und später SD1, bis 1977 auch der Triumph 2500. Ihnen voraus hatte der Ford, von allem anderen abgesehen, die in jeder Hinsicht bessere Verarbeitungsqualität. Denn British-Leyland-Fahrzeuge waren in den 1970er-Jahren qualitativ schlichtweg unterirdisch. Der Traditionsantrieb des britischen großen Ford war ab 1962 ein 2,5-Liter-V6, der so genannte Essex-Motor (benannt nach der Grafschaft Essex, in der sich das Ford-Werk in Dagenham befindet). Sein Bruder ist der Essex-V4-Motor, viele Gleichteile, gleiche Bohrung und Hub. Der 2-Liter-Essex-V4 und der 2,5-Liter-Essex-V6 wurden bis 1977 hergestellt, der 3-Liter in England bis 1988 und in Südafrika bis zum Jahr 2000, zuletzt, in der Nach-Granada-Zeit, als Einspritzer.

Britische Consul/Granada (Produktionsbeginn 6. April 1972) hatten ausschließlich Essex-Motoren: Consul und Consul L den V4 mit 82 PS bis Juli 1974, Granada und Consul GT den 2,5- oder 3-Liter-V6 bis zu ihrem Produktionsauslauf im Jahre 1976. Danach wurden deutsche Granada mit Rechtslenkung importiert. Das heißt, die letzten Einser-Granada in Großbritannien waren bereits deutsche Autos und den Zweier-Granada gab es nie Made in England – obwohl er dort sehr beliebt war. Nach dem 1975er-Facelift, das in England mit einigen Monaten Verzögerung gegenüber Köln stattfand (im Sommer statt im Februar 1975), wurde auch dort die Palette neu geordnet, der Consul fiel auch in England weg. Ab 1975 hatte der große Ford als Grundmotorisierung den Pinto-Motor, also einen 2-Liter-Vierzylinder-Reihenmotor mit 98 PS, eine europäische Konstruktion, die auch an Ford USA für den dortigen Pinto geliefert wurde. Darüber rangierte der 120-PS-V6 mit 2,5 Litern. Er blieb nun dem Granada verwehrt, der ausschließlich ein 3-Liter-Auto war. Das S-Fahrwerk offerierte Ford UK nur im Granada und somit nur in Verbindung mit dem 3-Liter. Während Köln den Turnier zusammen mit der Limousine präsentierte, ließ sich Ford UK mit dem Estate ein halbes Jahr Zeit: Präsentation auf der London Motor Show im Herbst 1972. Der zweitürige Fastback mit Hüftschwung sowie die zweitürige Stufenhecklimousine wurden nie in Großbritannien produziert. Das Coupé gab es ab 1974 nur als 3-Liter-Ghia. Der auf dem Kontinent auch im Einser-Granada angebotene 2,8-Liter-Einspritzer blieb dem englischen Publikum verwehrt. Erst nach dem Modellwechsel zum Granada II konnten die Briten einen 2,8-Liter-Granada kaufen, anstelle des 3-Liters. Die Zweitürer-Version des Granada II war ebenfalls auf der Insel nie lieferbar. All diese Unterschiede zeigen, dass Ford UK den Consul/Granada höher positionierte als Ford Köln.

Die englischen Consul und Granada unterschieden sich optisch nahezu nicht von den Kölner Fahrzeugen. Es gab selbstverständlich Änderungen, die der Straßenzulassungsordnung geschuldet waren (in erster Linie die Rechtssteuerung, aber auch die Position der Außenrückspiegel nicht an der Fahrertüre, sondern auf den Vorderkotflügeln bei frühen Einser-Granadas), aber die hauptsächlichen Unterschiede lagen im regionalen Automobilgeschmack. So waren die Briten richtiggehend wild auf Vinyldächer, weswegen Ford UK auch den Granada Turnier (dort Estate genannt) mit Vinyldach anbot, und der Kunstlederbezug wurde auf der Insel auch gerne farbig und hell, nicht nur in Schwarz, geordert. Als Ford in Köln kein Vinyldach für den Granada mehr anbot (nach 1980), war es in Großbritannien nach wie vor erhältlich, auch für den Estate. Erst mit dem '82er Facelift fiel es weg. Die Briten mochten die knalligen 70er-Jahre-Farben weniger, ihre Wagen waren eher dezent lackiert, überwiegend in Uni-Lacken. Dafür war Rot auf der Insel auch bei Fahrzeugen auf Granada-Niveau durchaus üblich, und Weiß galt in England als edle Farbe, als es auf dem Kontinent ein Symbol für betriebliche Flottenfahrzeuge und Handwerkerautos war.

Consul und Granada ersetzten in Großbritannien die Typen Zephyr, Zodiac und Executive Mk IV, von 1966 bis 1972 gebaut. Im Bild zehn Ford Zodiac Mk IV für die Polizei in der britischen Kronkolonie Hongkong, 1970 in Dienst gestellt, bei der Übergabe an die Beamten.

POLICE
POLICE
POLICE
FORD
AM 6578
M6579

Britische Ford waren generell besser ausgestattet als deutsche, weil sie einen höheren Stellenwert genossen. Wer in Deutschland einen Mercedes Strich-Acht oder W 123 als 250er oder 280er fuhr, optierte auf der Insel für einen Granada Ghia. Selbst im Fuhrpark des britischen Königshauses befanden sich luxuriös ausgestattete Granadas, und nicht umsonst wählte Coleman Milne für seine verlängerten Luxuslimousinen den Granada als Basis. Ford UK hatte beim Granada II ab 1980 sogar eine eigene Ausstattungsvariante, die den deutschen Ghia übertraf: den Ghia X und Ghia X Executive als Limousine und Estate. Der Ghia X trug die Ghia-Ausstattung plus sämtliche lieferbaren Einzelextras; der Ghia X Executive bestach darüber hinaus mit Connolly-Ledersitzen, späte Ghia X Executive konnten in Zweifarbenlackierung bestellt werden, der Karosseriebereich unterhalb der Flankenschutzleiste sowie vorne und hinten unterhalb der Stoßstange in Komplementärfarbe (diese Kombination gab es in Deutschland auch, aber niemand orderte sie).

Kein Liebhaberfahrzeug, sondern ein Alltagswagen, »aufgewertet« durch Alufelgen aus lokaler Produktion: Zephyr Mk IV auf der griechischen Insel Kreta im Sommer 1999.

Was in Deutschland »obere Mittelklasse« oder »untere Oberklasse« genannt wird, heißt im Englischen »Executive Car«. Der Granada war ein typisches Executive Car, und in der ersten Generation konkurrierte er als 3 Liter GXL vor allem mit dem Rover P6.

Zum Rahmenprogramm des britischen Grand Prix in Brands Hatch im März 1973 gehörte das Race of Champions. Die Formel-1-Fahrer lieferten sich ein Duell in identischen Ford Consul 3000 GT.

DUCKHAMS
XVX 334L
4

Ein gutes Indiz für die Popularität eines Fahrzeugs ist, wenn es in der Fremdwerbung benutzt wird. Der Reifenhersteller Goodyear wirbt in der »Autocar« vom April 1975 mit einem Granada für seine G800 Supersteels.

Ford UK bot zwar einen 2-Liter-Vierzylinder an. Aber dort ist der Drang nach großen Motoren ausgeprägter als er in Westdeutschland war. Überwog der Consul bei uns als 1,7- oder 2-Liter-Auto, so bestellte der britische Consul-Kunde einen 2,5-Liter-Sechszylinder. Im Bild ein 1973er Consul L Estate.

Die Stahlsportfelgen waren in Deutschland nicht als Werksoption für den Turnier lieferbar, in Großbritannien schon.

Der größte britische Kombi: Granada XL 3 Liter Estate. Wie in Köln, gab es den Kombi nicht in GXL-Ausführung, aber mit Einzelextras erreichte der Kombi-Kunde durchaus das GXL-Niveau.

1973er Granada XL 3 Liter Estate mit optionalen Stahlsportfelgen.

Wie in Köln bot Ford UK Behördenpakete an. Granadas waren auf der Insel beliebte Taxis und Polizei-Streifenwagen, hier ein 1977er-Fahrzeug der Polizei in der Grafschaft Essex.

So wie »Der Fahnder« als deutsche TV-Serie für immer mit dem alten Granada des vornamenlosen Fahnders Faber in Verbindung gebracht wird, sind auch zwei britische Krimi-Serien ganz eng mit dem Ford Granada liiert, »The Sweeney« ab Januar 1975 und »The Professionals« ab Dezember 1977, letztere Serie unter dem Titel »Die Profis« auch in Westdeutschland ab 1981 sehr populär. Die Granada-Verbindung darin beginnt schon mit dem Vorspann, worin ein Einser-Granada sehr spektakulär eine Glasscheibe durchfährt. Während die beiden Detectives Bodie und Doyle hauptsächlich Capri-II-Fahrer sind (in frühen Folgen: Escort II RS 2000), lässt sich George Cowley, ihr Vorgesetzter, meist in einem rotmetallicfarbenen Granada II 2.8 Ghia (mit Telefon!) chauffieren. Es handelte sich dabei um Product-Placement, Ford sponserte die Fahrzeuge. Mit deutlich weniger Erfolg im deutschen Fernsehen lief »Die Füchse« ab August 1980, das Original »The Sweeney« ist hingegen auf der Insel eine absolute Kultserie. Regan und Carter, die beiden Detectives, fahren in den ersten drei

Staffeln einen Consul 3000 GT, in der letzten einen Granada II 2.8i mit S-Fahrwerk. Dann gab es noch die britische Serie »Dempsey & Makepeace« (1985/86), eine Melange von Themen bekannter TV-Krimiserien (Actionszenen à la »The Professionals« und die Diskrepanz zwischen englischen und amerikanischen Kriminalisten aus unterschiedlichen sozialen Schichten à la »The Persuaders« (deutsch: »Die Zwei«)). Das britisch-amerikanische Duo fuhr als Dienstwagen einen Granada II 2.8 GL.

Britische Granadas wurden im Vereinigten Königreich und in sämtlichen (ehemaligen) britischen Kolonien angeboten, wo Linksverkehr herrscht und die Fahrzeuge somit das Steuerrad auf der rechten Seite haben. Denn Ford UK baute ausschließlich rechts gelenkte Fahrzeuge. Ab 1976, nach Auslaufen der britischen Granada-Produktion, gab es keine Unterschiede in der Herkunft mehr. Köln bediente nahezu sämtliche Märkte, auf welchen der Granada angeboten wurde, nur einige wenige versorgten sich selbst mit Granadas.

1982er-Granada als Polizeistreifenwagen, ebenfalls aus Essex.

Identisch zum deutschen Granada Ghia Turnier ist dieses 1980er-Modell. Ab diesem Jahr gab es auch den Ghia X und sogar Ghia X Executive. Die wurden zwar am Kölner Fließband gebaut, aber ausschließlich für den britischen Markt.

Die letzte britische Ford-Eigenheit war der Name des Volumenmodells, der deutsche Taunus hieß auf der Insel Cortina. Als die Generation TC2 auslief, gab es nicht mal mehr einen eigenen Namen für den Nachfolger. Er hieß hier wie dort Sierra. Im Bild der letzte Cortina im Werk Dagenham am 22. Juni 1982 nach insgesamt 4.279.079 Cortinas aller Generationen seit 21. September 1962.

THE VICTORIA

Die längsten Pralinen der Welt: Verlängerte Granada von Coleman Milne

Der Granada als Langlimousine in unterschiedlichen Ausbaustufen und als Bestattungswagen: Das war die Domäne von Coleman Milne (CM) in den 1970er- und -80er-Jahren. Lange Zeit beherrschten Ford-Fahrzeuge das Coleman-Milne-Programm, nach Auslaufen des Granada war es der Scorpio und nach dessen Ende der von CM selbst importierte, australische Ford Fairlane und Falcon. Heute baut Coleman Milne Langlimousinen und Bestattungswagen, nach wie vor auf Ford-Basis, aber hauptsächlich auf der Mercedes E-Klasse (seit Baureihe W 124). Man verwendet das zunächst von Daimler selbst, ab 2009 von Binz verlängerte und von Mercedes-Benz offiziell angebotene Langchassis, kreiert aber eigenständige Aufbauten, die Langlimousine stets auch mit Trennscheibe, auch mit erhöhtem Dachaufbau – eben ganz wie die Granada-Limousinen. Es sind weniger Privatiers, die sich an Coleman Milne wenden, sondern eher öffentliche Institutionen, staatliche Einrichtungen, kommunale Verwaltungen (ein verlängerter Granada war ein typischer britischer Bürgermeister-Dienstwagen) und Bestattungsunternehmer. Die Langlimousinen kaufen Flughafengesellschaften, Limousinenvermieter und Unternehmen, die einen VIP-Transporter benötigen. Die ersten beiden verlängerten Coleman-Milne-Granadas gingen an die beiden anglikanischen Erzbischöfe von Canterbury und von York. Seit 1998 ordern auch britische Polizeidienststellen Streifenwagen, Gefangenentransporter und gepanzerte Fahrzeuge bei der damals neu formierten CM-Division »Specialist Vehicles«.

Langlimousine mit erhöhtem Dach: Ein früher Dorchester von 1973 mit dem etwas fragwürdigen Motorhaubendesign. Front- und Heckscheibe entsprechen dem Serien-Granada, Motorisierung ist der 3-Liter-Essex-V6 mit Automatik.

Coleman Milne wurde im Juli 1953 von John Coleman und Roderick Milne in Westhoughton bei Bolton in der Grafschaft Lancashire gegründet, zunächst allgemeiner Karosseriebau und Anfertigung von Pferdetransportern, ab 1966 verlängerte Ford-Limousinen und Bestattungswagen, anfangs auf Basis Ford Zodiac Mk IV, ab 1973 auf Granada. 1981 verkaufte Roderick Milne die Firma an die Hawley-Gruppe. 1983 fusionierten Coleman Milne und Woodall Nicholson aus Halifax, ein lang etablierter Hersteller von Bestattungswagen und Limousinen, ebenfalls im Hawley-Eigentum. Fortan wurde dieses Spektrum allein unter dem Namen Coleman Milne verkauft, auch die Produkte von Woodall Nicholson. Eine Angebotserweiterung unterhalb der Ford-Modelle erfolgte in den 1980ern, als Rover verlängerte Limousinen auf Basis des Austin Montego (Coleman Milne Warwick) und Rover 800 Sterling (Rover Vanden Plas) orderte und über das eigene Händlernetz verkaufte. British-Leyland-Modelle zu verlängern war zuvor die Domäne von Woodall Nicholson gewesen, nach der Fusion war Coleman Milne auch dafür zuständig. In den frühen 2000er-Jahren nahm sich Coleman Milne auch des Saab 9-5 als Langlimo und Bestatter an. In den 1980ern erfolgten mehrere Eigentümerwechsel, aber das Geschäft von CM, heute als reine Markenbezeichnung für Langlimousinen und Bestattungswagen, existiert bis heute. Im Schoße derselben Firmengruppe befindet sich seit 2019 auch der deutsche Kranken- und Bestattungswagenspezialist Binz aus Lorch in Württemberg.

Die Zusammenarbeit zwischen CM und Ford verlief sehr vertrauensvoll, Ford band CM stets ein und übernahm teilweise auch den Vertrieb. Nicht nur eigentliche Bestattungswagen stammen von CM; auch die in Großbritannien üblichen Follow Cars. Das sind Langlimousinen im Eigentum des Bestattungsunternehmers, in denen die Hinterbliebenen den Bestattungswagen auf dem letzten Weg begleiten. Dadurch ergibt sich eine einheitliche Optik im Trauerzug und die Zusammengehörigkeit des Verstorbenen mit den Hinterbliebenen.

Die CM-Granadas waren Einzelstücke, »on special request«, jeder nach Kundenwunsch. Dennoch gab es, generell gesagt, zwei Produktlinien, die sich im Laufe der Jahre weiter entwickelten. Die kürzeste Verlängerung hat der Dorchester, rund zehn Zentimeter mehr Beinraum für die Fondpassagiere, quasi ein Äquivalent zur verlängerten Mercedes-Benz S-Klasse, dem SEL statt des SE. Anfangs realisierte CM dies mit einer Mittelverlängerung zwischen den serienmäßigen Serientüren, beim Granada II durch verlängerte hintere Türen. Ein Dorchester konnte ebenso ein Dienstwagen für einen hochgestellten Beamten sein wie ein Privatwagen für denjenigen, der in Westdeutschland eine verlängerte S-Klasse fuhr. Ein großer Ford fuhr auf der Insel tatsächlich in einem weit höheren Segment als in Deutschland. Minster und Grosvenor teilen sich die Außenlänge, das sind die expliziten Stretch-Limos. Der Minster ist verhältnismäßig einfach ausgestattet und hat somit einen pflegeleichten Innenraum (abwaschbare Vinylsitze). Er ist das Follow Car bei Trauerzügen, der Zubringer für VIPs vom Flughafengebäude über das Rollfeld zum Flugzeug, die Mietlimousine, das Flottenfahrzeug im Regierungsfuhrpark – oftmals mit eher leistungsschwachem Motor und mit Schaltgetriebe. Darüber rangiert der Grosvenor, bei Bedarf auch mit Dacherhöhung. Er ist die Luxuslimousine, splendid ausgestattet mit allem, was das Herz begehrt und der Geldbeutel erlaubt, zumeist mit Trennscheibe ausgestattet und gut motorisiert.

Ab 1974 trug der Grosvenor nicht nur den Ghia-Grill, sondern auch eine Fastback-Karosserie, um sich vom Dorchester, weiterhin mit Stufenheck, zu unterscheiden.

Neue Generation von Ford, neue Generation von Coleman Milne, der Minster als Fünf-, Dorchester und Grosvenor als Siebensitzer. Gut zu sehen: Der umgedreht montierte Ghia-Grill vom Einser-Granada beim Minster und Grosvenor. Foto Modelljahr 1978.

GROSVENOR

Blick hinein in einen '74er Grosvenor mit viel Walnuss-Holz und 70er-Jahre-Elektrik. Und mit viel Platz für die Beine.

Genau das Richtige für eine Band mit ihren Instrumenten: Ab 1978 offerierte Coleman Milne den Windsor als vermutlich größten Kombi der Welt.

Ein etwas verschlissener Grosvenor von 1977 bis 1981, anno 1999 vor einem Campingplatz in Südfrankreich fotografiert. Seine originalen Coleman-Radzierkappen hatte er wohl verloren und wurde mit Plastikradkappen »aufgewertet«.

Beim Granada I konnte ein Minster sogar auf Consul-Niveau ausgestattet sein, ein Dorchester basierte stets auf dem Ghia (und bevor es diesen gab, auf dem GXL), beim Dorchester war dies eine Frage der jeweiligen Verwendung. Für den Granada I entwickelte Coleman Milne eine spezielle Motorhaube mit vorderer Erhöhung, was einen traditionellen Kühlergrill imitiert, kombiniert aber mit dem Serien-Granada-Grill. Die Zeitschrift Autocar konstatierte in der Januar-Ausgabe 1973 über den getesteten Prototyp auf Basis eines Consul 3000 GT, die Wagen seien sehr stilvoll, »bis auf die fragwürdige Veränderung der Motorhaube«. Die Siebensitzer sind innen genau so ausgestattet wie jede Pullman-Limousine: vier Türen, hinten eine luxuriöse Rücksitzbank, davor zwei Klappsitze, Außenlänge 5394 mm, Radstand 3535 mm, Chassisverlängerung nach allen Regeln der Kunst, Seriendach entfernt und durch ein neu konstruiertes, leicht erhöhtes GfK-Dach ersetzt. Ab 1974, als Ford die Ausstattungsvariante Ghia lancierte, trugen die Coleman-Milne-Ford den Ghia-Grill und die Ghia-Radkappen mit in Karosseriefarbe lackiertem Mittelteil. Der Dorchester blieb unverändert, der Grosvenor basierte nun auf dem Fastback-Modell, also dem Coupé ohne Hüftschwung. Dadurch unterschieden sich beide Stretch-Limos optisch voneinander.

1978 erfolgte bei Coleman Milne der Modellwechsel von Granada I zu Granada II. Es blieb beim fünfsitzigen Minster (Außenlänge 4826 mm, also 254 mm länger als ein Serien-Granada) und bei den siebensitzigen Dorchester und Grosvenor (Außenlänge 5339 mm, also 767 mm länger). Die Stretch-Limos hatten, wie zuvor, ein erhöhtes GfK-Dach, die Außenhöhe der Wagen betrug 1549 mm (also ein Plus von 133 mm).

Minster und Grosvenor basierten auf der Ghia-Version mit 2,8-Liter-Vergasermotor, der Dorchester mit einfacherem Interieur auch mit kleineren Motoren. Eine spezielle Haube entwickelte Coleman Milne für den zweiten Granada nicht mehr, aber es gab Extra-Chrom, und Minster sowie Grosvenor trugen anfangs den umgedreht montierten Ghia-Grill des Einser-Granada sowie nach wie vor dessen Radkappen. Als diese Teile seitens Ford nicht mehr lieferbar waren, entwickelte CM eigene Nirosta-Radkappen für seine Modelle, nach wie vor mit in Wagenfarbe lackiertem Innenteil, denn die serienmäßigen modernen Radkappen von Ford wollte man der Kundschaft nicht zumuten. Als Vierter im Bunde kam 1978 der Windsor hinzu, ein Turnier, basierend auf dem Chassis der Stretch-Limousine, aber ohne erhöhtes Dach. Hoch elegant, ein Riesenfahrzeug mit unendlichem Ladevolumen bei umgeklappter Rücksitzbank. Über den wohl größten Kombi der Welt sagte CM, er sei der Traum »großer Familien und kleiner Orchester«.

Als Ford den stark modifizierten Granada '82 brachte, stellte CM ebenfalls um, ohne seine Palette generell zu verändern. Nunmehr weniger Chrom rund um den Grill, der einfachere Dorchester mit GL-Grill, Grosvenor und Minster mit Ghia-Grill, nach wie vor die eigens entwickelten Radzierkappen, denn Alus wurden damals, zumindest in Großbritannien, als sportliches und nicht als Luxusextra betrachtet. Natürlich gab es sie auf Wunsch, wie es auf Wunsch nahezu alles gab, was man sich wünschen mochte. Stets Bestandteil der Coleman-Milne-Palette war der Bestattungswagen Cardinal in zwei Radstandvarianten, der EWB teilte die Verlängerung mit dem Minster, der LWB mit den Stretch-Limos, Letzterer auf Wunsch mit entsprechender Inneneinrichtung, um auch zwei Särge transportieren zu können.

Coleman-Milne-Granadas genießen heute in Großbritannien einen sehr hohen Status unter Liebhabern, wie überhaupt Ford auf der Insel als Marke sehr angesehen ist, sowohl als Alltagsauto wie als Liebhaberfahrzeug. Besonders begehrt ist der Minster, weil er durch die diskrete Verlängerung ganz einfach ein ungemein ausgewogenes und wohl proportioniertes Fahrzeug ist.

Grosvenor aus der letzten Granada-Ära nach 1982, ebenfalls mit nicht originalen Radkappen. Die Ford-Pflaume wurde stets durch das Coleman-Milne-Emblem ersetzt. Dieser Wagen trägt ein extrem erhöhtes Dach, wohl ein teurer Sonderwunsch, denn sämtliche Scheiben sind deshalb natürlich auch vergrößert.

Cardinal Bestattungswagen mit leicht verlängertem Radstand, also identisch zum Minster, in Begleitung eines Follow Cars, eines Dorchester, beide Basis Granada ab 1982. Der Cardinal trägt den Blumenschmuck auf dem Sarg. Er könnte ihn auch auf dem Dach tragen, falls die Kränze zu groß wären. Dazu ist die Dachgalerie gedacht.

A475 MCP

Studien: Einzelstücke der Karosseriebaukunst

Die amerikanischen Konzernmütter Ford und General Motors betrachteten ihre europäischen Filialen bis weit in die 1960er-Jahre hinein als Ableger, die zwar Geld in die Konzernkasse spülten, denen die »Mutter« beim Design half (weil sie es selbst vermeintlich nicht konnten), die jedoch Autos bauten, welche dem heiligen US-amerikanischen Markt unwürdig seien. Halbherzig importierten sie deren »Kleinwagen« in die USA, um dem für sie ärgerlichen VW Käfer Paroli zu bieten. GM verkaufte über die Buick-Organisation den Kadett, Ascona und Manta, Ford vertrieb über Mercury zunächst den deutschen 17m P2, danach den englischen Cortina und machte später mit dem Ford Capri als »the sexy european sports car« ganz gut Kasse. Zu ihrer Überraschung verkauften sich die Europa-Erzeugnisse gut, und so überlegten beide Konzerne, ob das jeweilige europäische Spitzenprodukt nicht als kleiner Ableger das Einstiegsmodell für die eigene Spitzenmarke sein könnte. GM dachte an den Opel Diplomat als Mini-Cadillac, Ford an den Granada als Mini-Lincoln. GM ging sogar so weit, den Diplomat nicht mehr in Rüsselsheim, sondern im schweizerischen Biel für den Weltmarkt, inklusive USA und Kanada, bauen lassen zu wollen. Die schlimme Ölkrise machte all diese Pläne zunichte, sie strukturierte quasi den internationalen Automarkt um.

Es entstand ein Prototyp des Mini-Lincoln, ein rundum aufgewerteter Granada, im Ford-eigenen Ghia-Stylingstudio in Turin optisch auf Lincoln getrimmt mit völlig neuer Front: mittiger, aufrecht stehender Grill in Mercedes-Manier, Doppelrundscheinwerfer in eckigem Gehäuse, begrenzt nach außen von aufrecht stehenden Blinkern im Stil des Vorgängers Ford P7, der Grill nach vorne gerückt – letztlich eine Rückbesinnung auf die Knudsen-Front, die der P7 getragen hatte und be-

Sehr amerikanisch anmutender Granada mit Lincoln-Front und Seitenschutzleisten mit breitem Gummi-Einleger. Dieses Feature kam in Europa erst einige Jahre später auf.

Letzte Hand angelegt wird im Ghia-Designstudio, damals erst seit wenigen Monaten eine hundertprozentige Ford-Tochter, an den Mark 1. Hier trägt der Wagen noch die Granada-Sportstahlfelgen, offenkundig sogar verchromt. Auf dem Genfer Salon dann stand er mit normalen Stahlfelgen, geschmückt von Radkappen.

Dieser Superluxus-GXL-Granada mit einem Pseudo-Mercedes- oder Rolls-Royce-Kühlergrill wurde allgemein mit Kopfschütteln betrachtet. Soll dieser Ford Mark I wirklich nur ein mißglückter Versuch des Ford-Stylingstudios in Turin sein oder eine Kleinstserie daraus werden? Der Entriegelungshebel für die Motorhaube hinter dem Kühlergrill läßt sich nur mit Fingerspitzengefühl erreichen.

Die Zeitschrift Mot übergoss in ihrer Ausgabe vom 7. April 1973 den Mark 1 mit Häme...

Ford Granada Mark 1 kommt doch

Nach mot-Informationen soll dieser Superluxus-Granada, der als Stilstudie im März 1973 auf dem Genfer Salon erstmals gezeigt wurde, ab Frühjahr 1974 ins offizielle Ford-Verkaufsprogramm kommen. Eventuell gibt es kleine Änderungen am Pseudo-Mercedes-Kühlergrill und eine Leistungserhöhung beim 3000/V6-Motor. Dieser Mark 1 soll das Granada-Image aufpolieren und mögliche Mercedes-Kunden zu Ford-Händlern locken – wir glauben nicht so recht daran.

...und legte am 3. November 1973 nach. So kann man ein Auto schlechtreden, wenn man es nicht mag. Und da sage mal einer, früher seien Journalisten objektiver gewesen als heute.

nannt war nach dem kurzzeitigen und glücklosen Ford-Präsidenten Semon »Bunkie« Knudsen. Als Stylingstudie stand der Wagen, nicht Granada, sondern Ford Mark 1 genannt, auf dem Genfer Salon 1973, und die europäische Presse begleitete den sehr amerikanisierten Wagen mit Kopfschütteln. Sie attestierte ihm keinerlei Potenzial, Mercedes-Benz-Kunden zum Ford-Händler zu leiten. Doch das war auch gar nicht die Absicht des Mark 1, der rein für den US-Markt gedacht und konzipiert war. Was Ghia als Einzelstück produzierte und ausstellte, war eine Auftragsarbeit des Ford-Designzentrums in Dearborn – übrigens die erste, nachdem Ghia komplett von Ford übernommen worden war. Niemand hatte je die Absicht, mit dem Mark 1 auf europäischem Boden in Mercedes-Sphären zu wildern.

Nachdem Ford die letzten Prozente, die Alejandro de Tomaso an Ghia gehalten hatte, erwarb, war Ghia eine hundertprozentige Ford-Tochter, und die damals 50 Ghia-Angestellten waren einerseits Auftragsempfänger aus Dearborn und andererseits dafür zuständig, junge Ford-Designer auszubilden und deren »Meisterstücke« vom zweidimensionalen Papierentwurf in einen handgreiflichen Prototyp umzuwandeln. Ghia-Designchef war ab 1973 Filippo Sapino (zusammen mit Tom Tjaarda). Aus seiner Hand stammen zwei unterschiedlich große, aber stilistisch identische Fahrzeuge auf Basis Granada I und Taunus I, seine bekanntesten Schöpfungen sind der Ford GT70 von 1971 und das Gruppe-B-Rallyeauto von Ford, der RS 200 von 1984. Der Granada Megastar ist ein windschlüpfiger und muschelartiger Prototyp, eine Studie für den Familienwagen von morgen, gezeigt auf dem Genfer Salon im März 1977.

Ein Stern, der hellste im Sternbild Aquila, ist der Altair. Und eine Ghia-Studie auf Granada-Basis von 1980. Der Ghia-Designer Paul Breuer zeichnete seine Granada-Interpretation ebenso eckig wie Ford selbst, das war die Mode in den frühen 1980ern, aber wesentlich avantgardistischer – und das nicht ohne Retrospektive: Die je drei Scheinwerfer und das vordere Kennzeichen unter einer durchgehenden Glasverkleidung verwirklichte Robert Opron genau zehn Jahre zuvor bereits am Citroën SM, doch Ghia verwendete bronzefarben getöntes Plexiglas. Der Altair baute auf einem um 5 cm verlängerten und 10 cm verbreiterten Granada-Chassis auf, mit cw = 0,35 sehr windschnittig, keine Türgriffe oder Regenrinnen stellen sich in den Wind, die Scheiben sind bündig eingesetzt. Die konsequente Keilform wird durch die schwarze Streifen-

Der Megastar von Ghia-Designchef Filippo Sapino, eine muschelförmige Familienlimousine aus dem Jahre 1977, und nur die Ronal-Kleeblatt-Felgen erinnern an den Granada mit S-Fahrwerk. Basis ist aber tatsächlich ein Granada I.

Automobile MONTEVERDI AG
Oberwilerstrasse 20, 4102 BINNINGEN-BASEL (Schweiz)

Telefon 061-47 45 45
Telex CH 62083
Telegramme Monteverdiauto

Weltpremiere Genf 1980

Ford Granada mit MONTEVERDI Design
PROTOTYP

Technische Angaben: siehe beiliegenden Ford Granada Prospekt.
Preis noch nicht festgelegt.

Von Monteverdi als »Prototyp« bezeichnet, also real existent, fertig konstruiert, aber nicht zur Serienreife entwickelt: Der Granada im Monteverdi-Design stand ganz real auf dem Genfer Salon 1980.

Automobile MONTEVERDI AG
Oberwilerstrasse 20, 4102 BINNINGEN-BASEL (Schweiz)

Telefon 061-47 45 45
Telex CH 62083
Telegramme Monteverdiauto

Weltpremiere Genf 1980

MONTEVERDI 2.8 turbo
Coupé 5-sitzig
STUDIENMODELL

Diverse Angaben:
Ford Motor mit Turbolader, V6, 2797 ccm, 190 PS, zentrale Nockenwelle, schräghängende Ventile, Querstromzylinderkopf, transistorische Zündanlage

Steuer PS 14,3
Bohrung/Hub 93,0/68,5 mm
Drehzal Maximal 6300 U/Min
Beschleunigung 0 – 100 km/h 7 sec, Höchstgeschwindigkeit 220 km/h
Verbrauch DIN 12 Liter
Hinterachs-Untersetzung 3,45:1
Leergewicht 1100 kg
Benzintankinhalt 70 Liter
Radstand 2769 mm
Länge 4405 mm
Breite 1770 mm
Höhe 1350 mm
Überhang vorne 830 mm, hinten 805 mm
Spur vorne 1510 mm, hinten 1536

Aufhängung: Vorne Einzelradaufhängung mit ungleichlangen Querlenkern, Zugstreben und Torsionstabilisator, belüftete Bremsen.
Hinten Einzelradaufhängung mit gezogenen Schräglenkern, Torsionstabilisator, Sperrdifferential.

Änderungen vorbehalten

Ihn nannte Monteverdi ein »Studienmodell«: Das Monteverdi 2.8 Turbo Coupé war als Mockup zu sehen, aber aus der Studie erwuchs nie Realität.

lackierung unterstützt. Unveränderte Granada-Technik, 2,8-Liter-Einspritzer. Der Innenraum hochluxuriös, das Armaturenbrett so kantig wie das Auto selbst, überhaupt nicht elegant, eher typisch amerikanisch. Ihr Debüt gab die Studie auf dem Genfer Salon 1980.

Andere Wege ging Peter Monteverdi. Abgesehen von seinen selbst konstruierten Gran Turismo und dem Supersportwagen Hai, konzentrierte sich der Schweizer auf exquisite Fahrzeuge, die auf Großserientechnik basieren, Pkw und Geländewagen. Unvergessen der in geringster Stückzahl gebaute Monteverdi Tiara auf Basis der Mercedes S-Klasse W 126, und einen Monteverdi Granada hätte es auch mal geben können. Monteverdi versuchte hierbei gar nicht, den Wagen als grundlegende Eigenschöpfung zu überhöhen, sondern sprach vom »Ford Granada im Monteverdi-Design«, das letztlich ein großes Facelift des Serienmodells darstellt: vorne und hinten Kunststoffstoßfänger anstelle der Stoßstangen, eine breite Flankenzierleiste sowie eine neue Verkleidung für die C-Säule, veredelter Innenraum. Ausgestellt wurde der Prototyp auf dem Genfer Salon 1980. Dort war er nicht allein, sondern hatte als Standnachbarn die Studie Monteverdi 2,8 Turbo Coupé, ein völlig neu konstruierter Gran Turismo mit Granada-Technik, kein fahrfertiger Prototyp, sondern eine Studie, ein täuschend echt gefertigtes Holzmodell im Maßstab 1:1, angeblich bei Fissore gebaut. Auf der Ausstellung trug das Coupé auf den Kennzeichen den Typnamen »Macho«, im dort verteilten Prospektblatt wurde nur vom »2,8 Turbo Coupé« gesprochen. Peter Monteverdi wollte laut eigener Aussage den Wagen nicht selbst bauen, sondern als zu Ende konstruierten Prototyp an Ford verkaufen. Dazu kam es nicht. Keine der hier beschriebenen Studien brachte es zur Serienreife.

Der Altair von Ghia war eine sehr realitätsnahe Studie. Von der verglasten Frontpartie abgesehen eine stilisierte, typisierte Karosserie auf der Höhe der Zeit. So sahen damals ein Audi 80 B2 oder ein Talbot Tagora ebenfalls aus.

Die schwarzen Streifen unterstützen die Keilförmigkeit, und das hintere Leuchtenband hatte damals amerikanische Allüren, später wurde eine Verbindung zwischen den Rücklichtern auch in Europa populär – nicht zuletzt beim großen Ford, nämlich dem Scorpio in seiner Endausführung.

Granada weltweit aus Portugal, Korea und Südafrika

Ford unterschied zwischen deutschen und englischen Granadas. Die deutschen, also kontinentaleuropäischen, kamen aus Köln, Saarlouis und aus dem belgischen Genk, die englischen aus Dagenham. Dann gab es noch Montagebetriebe, wo deutsche oder englische Fahrzeuge nicht produziert, aber montiert wurden – so genannte CKD-Kits, also die Autos in Einzelteilen in einer großen Überseekiste angeliefert und lokal montiert. Derartige Montagebetriebe befanden sich in Portugal (Azambuja), Südafrika (Port Elizabeth) und Südkorea (Ulsan, nur Granada II). Die Portugiesen und Koreaner montierten deutsche Ford, die Südafrikaner britische.

Die Ford-Montage bei Hyundai in Südkorea hatte Tradition, Hyundai baute für Ford in Südkorea bereits den Cortina II, III, IV und V zwischen 1968 und 1983 und den 20m P7b (Mai 1969 bis Juni 1973, Viertürer und Turnier, teils mit den Doppelscheinwerfern des 26m), ab Oktober 1978 den Granada II, der sämtliche Evolutionen des deutschen Wagens mitmachte. Bis Dezember 1985 entstanden 4743 Stück, die sich lediglich in Winzigkeiten von den Originalen unterschieden (z. B. Heckschriftzug: »Granada V6«). In Südkorea gab es damals genau drei »große« Automobile für die dortige Upper Class: den Hyundai Granada, den bei Daewoo montierten Saehan Rekord (Opel Rekord D und E) sowie den von Kia importierten Peugeot 604.

Ford Lusitania begann 1961 im portugiesischen Azambuja nahe Lissabon mit der Montage, um Importabgaben zu vermeiden. Englische und deutsche Ford wurden montiert, die einzige Besonderheit von Ford Portugal ist der P100, ein Pick-up auf Basis des Taunus II, später Sierra. Ford schloss den Montagebetrieb im Jahre 2000, er wurde (ausgerechnet!) von Opel übernommen. Portugiesische Consul und Granada unter-

Kein Unterschied zum Kölner Original, nur die Form des Kennzeichens verrät seine exotische Herkunft: Hyundai Granada von 1983.

scheiden sich von den deutschen lediglich durch die Verwendung einiger nationaler Teile (Stoffe, Lackfarben, Elektrik, Reifen). Ein in Portugal montierter Granada ist von einem deutschen eigentlich nur durch das Typenschild im Motorraum zu unterscheiden. Ford Lusitania belieferte den Markt auf der iberischen Halbinsel.

In Südafrika war Ford der Pionier, das Model T lief bereits 1924 in Port Elizabeth vom Montageband, produziert in Kanada, wo zunächst alle rechts gesteuerten Ford für britische Kolonien hergestellt wurden. Spezialität waren bald die so genannten Bakkies, wie kleine Pick-ups dort genannt wurden. Sie entstanden hauptsächlich auf Basis europäischer Limousinen, Cortina und Sierra. Vor dem Granada montierte Ford in Südafrika den deutschen P7b mit englischen Motoren (bis hin zum 138 PS starken Essex-V6) und stellte leicht zeitversetzt zu Europa im Jahre 1973 um. In Südafrika gab es keinen Consul, nur die besser ausgestatteten Granada-Modelle, basierend auf den englischen Fahrzeu-

Das hintere Kennzeichen unterhalb der Stoßstange, Heckschriftzug »Granada V6«: Granada aus südkoreanischer Montage.

Ungewöhnliche Farbe für den Ghia, dem südafrikanischen Geschmack entsprechend. Die kleinen Katzenaugen beidseits neben den Nebelscheinwerfern sind der nationalen Straßenverkehrsordnung geschuldet. Südafrikanische Fahrzeuge tragen sie auch hinten.

gen mit dem 2-Liter-Kent-Vierzylinder mit 100 PS (Granada 2000 GL und GLE) und den 2,5- und 3-Liter-V6-Essex-Motoren (Granada 2500/3000 GLE und 3000 Ghia). Im offiziellen Ford-ZA-Programm waren auch die von Basil Green umgebauten Peranas mit V8-Motor. Keine Zweitürer-Limousinen, nur Viertürer, Coupés und Estate Cars (= Turnier) beim Granada I, Viertürer und Kombi beim Granada II, der weiterhin den britischen 3-Liter-Motor behielt, als Ford Europa längst den 2,8-Liter-V6 aus Köln verbaute. Der 2,5-Liter lief in Südafrika 1980 aus (in England bereits 1977), mit 3-Liter-Motor wurde der Granada bis Juni oder Juli 1985 in Südafrika gebaut, seit 1984 mit 141 statt 138 PS, stets nur als Vergasermotor. Der Granada II machte in Südafrika dasselbe '82er Facelift wie in Europa mit, bekam in seinen höherwertigen Versionen aber zuletzt geriffelte Flankenunterseiten, stilistisch wohl dem Mercedes W 126 abgeschaut.

Consul und Granada: Namensgenealogie

In Großbritannien hieß die Einstiegsversion des großen Ford zwischen 1951 und 1962 Consul, in zwei Generationen. Darüber rangierten die Typen Zephyr und Zodiac. Mit der dritten Generation ab 1962 wurde der Name Consul fallengelassen, die Modellreihe startete nun mit dem Zephyr, bei der vierten ab 1966 gab es neben Zepyhr und Zodiac auch das Spitzenmodell Executive. Den Namen Consul verwendete Ford ab 1961 anderweitig, nämlich für die Mittelklasse, und dann mit Namenszusatz. Dem Ford Consul Classic von 1961 (mit seiner Coupéversion Consul Capri) folgte von 1963 bis 1970 der Consul Corsair. Dieser teilte seine Bodengruppe mit dem Ford Consul Cortina, der im Laufe seiner ersten Generation den Namenszusatz Consul allerdings verlor. Schon die alten Römer kannten den Konsul als höchsten Staatsbeamten, und heute ist ein Konsul (englisch: Consul) eine Amtsperson, die von einem Staat in den anderen zur Wahrung der eigenen Staatsinteressen entsendet wird, sein Arbeitsplatz ist das Konsulat.

Der südafrikanische Granada Ghia in Blaumetallic mit blauem Vinyldach. Er trägt das Ghia-Emblem nicht im Grill, sondern auf der Motorhaube.

Den 3-Liter-Motor im Granada II kennen die Europäer nicht. Im südafrikanischen 3,0 GLS leistete er zuletzt 141 PS, kombiniert mit Fünfganggetriebe.

Granada 3,0 GLE Automatic, die Facelift-Version ab 1982, aber in Südafrika mit einer geriffelten Verblendung im unteren Flankenbereich – wohl den legendären Sacco-Brettern am S-Klasse Mercedes W 126 abgeschaut.

Sehr bekanntes Fahrzeug mit ungewöhnlichem Heckschriftzug: Die Rechtslenkung identifiziert diesen Ford Scorpio als Briten, und der Heckschriftzug »Granada 2.8i Ghia« tut es erst recht. In Großbritannien lief der erste Scorpio als Granada Mk III.

Granada hingegen ist ein Städtename. Die Groß- und Universitätsstadt liegt im Süden Spaniens, in Andalusien und hat eine alte, maurische Tradition. Modellnamen mit südländischem Flair waren Ende der 1960er-, Anfang der 1970er-Jahre purer Zeitgeist – so wie zuvor der Consul (oder der Commodore oder der Diplomat) sozialen Aufstieg suggerierten. In Köln wurde der Name Granada als Typenbezeichnung 1985 zugunsten des Kunstworts und Ohrschmeichlers Scorpio aufgegeben. Mit dem eher unsympathischen giftigen Spinnentier wollte Ford seine Limousine wohl nicht in Verbindung gebracht wissen, eher mit dem Sternbild/Tierkreiszeichen, das positiv konnotiert ist, vielleicht auch mit der griechischen Insel Scorpios. Jedenfalls war auf der britischen Insel der Name »Granada« so gut eingebürgert und hatte einen so guten Ruf, dass Ford UK nicht davon lassen wollte und den Scorpio dort weiterhin als Ford Granada anbot. Lediglich die Topversion, über dem Scorpio Ghia positioniert, hieß dort Granada Scorpio. 1994, mit dem zweiten Scorpio, schwenkte auch Ford UK um und nannte den Wagen nicht mehr Granada.

Und dann gab es noch einen amerikanischen Ford Granada. Außer der Typbezeichnung hat er mit dem europäischen Wagen nichts gemein. Für USA-Verhältnisse ein Mittelklassewagen, aus europäischer Sicht ein Riese, Sechs- und Achtzylindermotoren zwischen 3,3 und 5,8 Liter Hubraum, zwei Generationen (1975 bis 1980 und 1980 bis 1982). Basis war zunächst der viertürige Maverick, konventionelles Layout, hintere Starrachse, recht sachlich-europäisches Styling. Konzerninterne Schwestermodelle waren der Mercury Monarch und der Lincoln Versailles. Fahrzeuge dieser Größenkategorie profitierten in den USA von der zweiten Ölkrise 1979, der Granada verkaufte sich gut. Die zweite Generation 1980 bis 1982 basierte auf dem moderneren Fairmont, traf aber den Publikums- und Zeitgeschmack weit weniger. Offiziell wurde der US-Granada nicht nach Europa importiert, schon allein aus Gründen der Namensverwechslung. Aber viele in der Bundesrepublik stationierte US-Soldaten fuhren einen, sodass die Deutschen, zumindest in der Nähe von US-Kasernen, durchaus wussten, dass es einen US-Granada gibt.

Ein früher US-Granada, Modelljahr 1977. Es gab ihn als Viertürer-Limousine und als zweitüriges »Sports-Coupé«, und die abgebildete Ausstattungsversion Landau trägt das in den USA damals populäre Vinyldach über der hinteren Dachhälfte, das an die Kutschenbauform des Landauers erinnert und gerne mit einem winzigen Fenster in der C-Säule kombiniert wurde, dem so genannten Opera Window.

1977

GL-V 928

May, Hai und Piranha: Power to the Granada

Der Granada hat ein sehr aufwändiges Fahrwerk, das seiner Motorleistung stets überlegen ist, und er liegt dank seines Gewichts satt auf der Straße. Selbst mit dem ursprünglichen Topmotor, der britischen 3-Liter-Essex-Maschine mit ihren 138 PS, war der Ford kein schnelles, wendiges oder agiles Fahrzeug. Überdies war, zumindest bis 1975, das Fahrwerk komfortbetont weich abgestimmt, und die Serienbereifung förderte auch nicht gerade sportliche Ambitionen. Das änderte sich etwas nach der Modellpflege 1975, strafferes Fahrwerk, Alus mit breiteren TRX-Reifen lieferbar, dazu kam ein neuer Motor, der Kölner 2,8-Liter-V6. Die Vergaserversion im Granada II war mit 135 PS auf Essex-Niveau, aber drehfreudiger, mit Einspritzung bereits im letzten Jahr des Granada I 150 PS, dann im Granada II 160 PS bis 1981, zuletzt auf wieder 150 PS reduziert. Damit war der Granada souverän motorisiert, aber kein Kraftpaket. Das Fahrwerk schrie geradezu nach mehr Power, und der groß dimensionierte Motorraum schien diesen Schrei zu unterstützen. Von kleinsten Serien und privaten Initiativen abgesehen, gab es letztlich drei professionelle Arten, den Granada zu beflügeln. Die Schwabengarage initiierte Michael Mays Turboaufladung für den Kölner V6, in Südafrika wurde der Granada Perana von einem amerikanischen V8 befeuert und dem Mako P auf Granada-II-Basis wurde Porsche-928-Technik implantiert.

Michael May, 1934 in Stuttgart geborener Schweizer Rennfahrer und Ingenieur, gehört zu den Turbo-Pionieren und erkor den Kölner V6 als ideale Ausgangsbasis für seine Aktivitäten. An die 4000 Ford-V6-Motoren verhalf er auf die Sprünge. Ein 2,3- oder 2,6-Liter-V6 mit Turboaufladung beflügelte etliche Capris und so manchen Granada. Vertrieben wurden die Turbo-Ford von der Stuttgarter Schwabengarage mit ihren vielen Filialen, nach eigenen Angaben der größte Ford-Händler der Welt. In Hechingen entwickelte May ab 1966 seine eigene Turbine, Rennversionen des V6 leisten über 300 PS, die Straßenversion des

2,3 Liter kommt wegen des Drehzahlbegrenzers auf 180 PS bei 6300 U/min, der seltener umgerüstete 2,6 Liter auf deren 210, gleich stark war zuletzt der 2,8 Liter. Der Motor ist robust und thermisch gesund, die Verdichtung nahm May geringfügig zurück. Der Ford-Turbo-Motor lief bis zum Einsetzen des Turbo-Boost bei gut 3000 Umdrehungen genauso lammfromm wie das Serienaggregat und benötigte auch nicht mehr Sprit (die Schwabengarage sprach im Prospekt von 16,2 Litern Super »bei voller Ausnutzung der Leistung«). Darüber kommt die bessere Befüllung der Vergaser zum Tragen, vehementer Schub setzt ein, der Granada wird zum Tier. Der 2,6-Liter spurtet in rund 8 Sekunden auf Tempo 100 und rennt 200 km/h schnell, der 2,3-Liter ist nicht viel langsamer. Der May-Turbo-Kit kam anfangs auf rund 3300 D-Mark, gegen Ende der 70er auf rund 5500 D-Mark, der Umbau erfolgte durch die Schwabengarage. Ein kompletter Granada 2,3 S Turbo zweitürig kam 1976 fabrikneu auf 19.850 D-Mark inklusive TÜV-Abnahme und einem Jahr Werksgarantie. Kunden waren zumeist gut situierte Freiberufler, die ein heißes Understatement-Auto mit Alltagsqualitäten suchten, das sie in jeder Ford-Werkstatt um die Ecke warten lassen konnten. Und den Turbo konnte man beim Kauf eines Neuwagens sogar mitnehmen und an den neuen Motor anbauen lassen. Basis für den Turbo-Granada war stets die S-Version mit strafferem Bilstein-Fahrwerk und breiten 195/70 HR 14-Reifen auf Alus, und die S-Option gab es in Kombination mit jedem Ausstattungspaket außer der Grundversion (also LS, GLS und Ghia S). Von außen ist ein Turbo-Granada kaum zu erkennen. Im Kühlergrill prangt ein »Ford Turbo«-Emblem, und ein geschultes Ohr realisiert den etwas tieferen, sonoren Ton des Spezialauspuffs.

Die Schwabengarage bewarb den Granada S Turbo im 1976er-Prospekt als »Geheimtipp« und als »Fahrzeug für Kenner«.

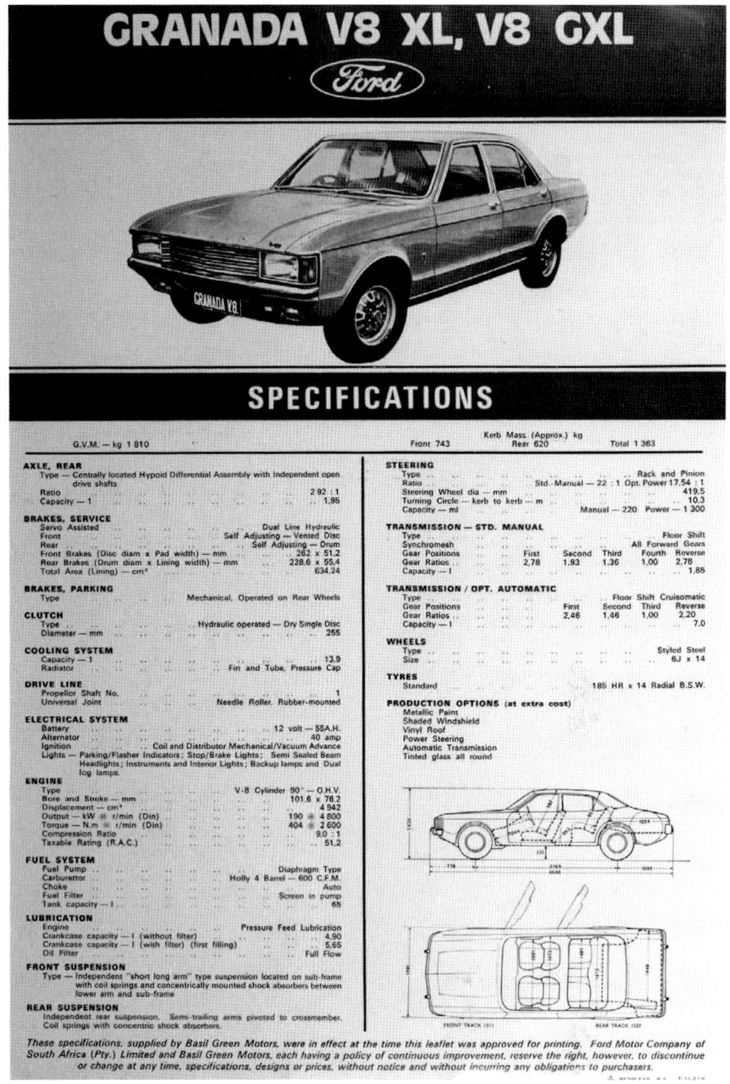

Dem Perana widmete Ford South Africa nur ein Beiblatt zum regulären Verkaufsprospekt. Es war, dortigen Sprachverhältnissen geschuldet, auf einer Seite englisch und auf der anderen Seite in Afrikaans beschriftet. Das Coupé-Blatt zeigt die niederländische (= burische) Seite,...

...das Limousinen-Blatt die englische.

Eine rein südafrikanische Angelegenheit ist der Granada V8 Perana, ein Umbau von Basil Green Motors in Johannesburg, vertrieben über die lokale Ford-Händlerorganisation. Basil Green, Rennfahrer, Rennstallbesitzer und Tuner, ersetzte den V6 durch einen amerikanischen, 258 PS starken 90°-V8 mit 4942 cm³ (302 cui, im US-Duktus gesagt). An Bord waren Holley-Vergaser, wahlweise Vierganggetriebe oder Dreistufenautomatik und sonstige der Leistung angepasste Technik. Laut der lokalen Autozeitschrift South African Motor vom Januar 1973 war der Granada mit Achtender in 7,8 Sekunden auf Tempo 100 und schaffte einen Topspeed von 207 km/h – also ungefähr gleiche Leistungswerte wie der May-Turbo-Granada, aber eben mit V8-Sound und der Reputation, den gleichen Motor wie der Ford Mustang unter der Haube zu haben, den Windsor Small Block. Ford in Köln erwarb 1973 zwei Exemplare und überlegte, den Wagen in Westeuropa zu vertreiben. Die Ölkrise setzte dieser Denkübung ein rasches Ende. Ein »Belegexemplar« ging auch in die USA, und es ist kolportiert, dass der damalige Ford-Präsident Lee Iacocca den Wagen sehr gerne und auch privat fuhr. Dazu gibt es eine nette Anekdote, von Basil Green selbst erzählt. Iacocca hatte also einen Granada V8 bestellt und erhalten. Dann rief er an und monierte, das Lenkrad sei auf der falschen Seite (in Südafrika herrscht Linksverkehr). Basil Green orderte also einen deutschen Granada aus Köln und baute diesen innerhalb einer Woche in den einzigen, linksgesteuerten Granada V8 Perana um. Dann war der Ford-Präsident zufrieden und verfügte, Basil Green Motors dürfe fortan ein Ford-Händler werden.

Als Limousine ist der Mako P bereits ungewöhnlich. Aber erst als Turnier! Ein großer Kombi mit Porsche-Motor, quasi der Prototyp des Panamera Sport Turismo, der aber erst 2017 erscheinen sollte.

GL-V 928

Liegt ganz schön tief, der Mako P. Vom Heckschriftzug und dem voluminösen Frontspoiler abgesehen, optisch ein ganz normaler Granada. Das ist Understatement pur!

Wie beim May-Turbo auch hier keine optischen Auffälligkeiten: lediglich das »V8«-Emblem auf dem Kofferraumdeckel rechts und auf der Motorhaube rechts sowie rechts und links an den Kotflügeln. Natürlich wurde dort auch das »3.0«- gegen ein »5.0«-Emblem getauscht. Produktion 1973 und 1974 als Viertürer-Limousine und als Coupé, zunächst das Hüftschwung-Modell, dann die geglättete Coupéform. Nur gehobene Ausstattung, XL, GXL oder Ghia. Da es nicht allzu schwierig ist, einen Mustang-Motor in den Granada zu verpflanzen, gibt es etliche Privatumbauten, die mit dem Original-Perana nichts zu tun haben.

Ebenfalls ein Hochleistungs-Granada, aber ein ganz anderes Kaliber, ist der Mako P des Gerd Knözinger, des Mannes mit dem Haifisch im ovalen Firmensignet. Er machte seine Erfahrungen in der Rennabteilung der Ford-Werke, gründete im Kölner Vorort Rösrath-Kleineichen seine Firma Mako-Automobile (später in Lohmar) und widmete sich dem Kölner Tuningobjekt Nummer eins, dem Capri, den er, ähnlich wie Basil Green, mit einem Mustang-Motor versah. Für den Granada dachte er sich etwas Elaborierteres aus und implantierte ihm die Technik des Porsche 928. In Köln stieß dies auf Beifall, vor allem die optisch dezente

Umsetzung: Vorstandsmitglied Hans Wilhelm Gäb und Sport-Direktor Michael Kranefuß nutzten in den späten 70ern einen Mako P als Dienstwagen. Das P steht für Porsche, und PE heißt der Porsche Estate, also der Turnier. Knözingers Rezept war so einfach wie effizient: In den Granada verbaute er einen 4,5-Liter-V8 aus dem Porsche 928 mit 240 PS (zuletzt auch der Motor aus dem 928 S, 300 PS aus 4664 cm³), kombiniert entweder mit einem ZF-Fünfganggetriebe oder einer Automatik von Mercedes-Benz. Die hydraulischen Vierkolben-Bremsen entlieh er dem Porsche 917 CanAm, das Differenzial (auf Wunsch mit 40- oder 75-%-Sperre) steuerte ZF bei, dazu eine Servolenkung und fette Michelin-Reifen (220/55 VR 390 TRX). Innen verbaute Knözinger, was sportlich und teuer ist, Recaros vorne, auf Wunsch hintere Einzelsitze, das Ganze mit Connolly-Leder überzogen. Mako sprach von »einer der schnellsten Serienlimousinen der Welt« mit Vmax 230 und einem 7-Sekunden-Spurt auf Tempo 100. Auch der Mako Granada war ein dezenter Wagen, der sich optisch vom Serienpendant nur durch den extrem tief herabgezogenen Frontspoiler unterschied (weit größer als der Ford-RS-Spoiler). Aber er war nicht unbedingt notwendig, auf Wunsch konnte er weggelassen werden. Und auf Wunsch gab es ihn auch als einzeln zu erwerbendes Zubehörteil für jeden Granada. Die Ford-Pflaume ersetzte Knözinger durch sein Signet, den Hai im ovalen, blauen Gewässer. Die Wagen entstanden in manueller Kleinstserie, keiner gleicht dem anderen, rund 50 Exemplare entstanden, der Preis ging bei 50.000 D-Mark los und ließ sich beliebig steigern. Heute sind originale Mako P oder PE Topraritäten.

Es gab viele weitere Tuner, die sich des Ford-V6 annahmen und vorrangig den Capri im Visier hatten. So entlockte beispielsweise Erich Zakowskis Zakspeed-Tuning dem 2,8-Liter-Motor dank Garrett-Turbolader 188 PS, wie überhaupt das Aufrüsten mittels Turbo in den späten 1970ern eine Mode war. Alles, was für Capri-Motoren geschaffen war, funktionierte ebenso im Granada und natürlich auch im Taunus. Denn der Kölner V6 war der Kölner V6 – egal, unter welcher Haube er saß.

Davon träumt der Fan: voll ausgestatteter Mako P mit zwei hinteren Einzelsitzen.

Groß war die Auswahl an RS-Teilen für den Einser-Granada nicht, aber immerhin vorhanden: Spoiler, Gasdruck-Stoßdämpfer, Lederlenkrad und Alufelgen. Die Felgen sind interessant, nicht die für den Granada üblichen Ronal-Kleeblätter, auch nicht die RS-Felgen, sondern die Felge »Mesh« von Rial, eines von deren Erstlingswerken. Prospekt vom März 1978.

Der Granada war dem RS-Programm nie ein Titelbild wert. Die Hauptattraktionen für sportliche Ford-Fahrer waren Capri und Escort, später auch der Fiesta (RS-Prospekt von 1978).

RS-Zubehör-Broschüre von 1986, also nach des Granadas Ableben, aber immer noch mit schönem Sportzubehör für den großen Ford. Als Füße des Wagens fungieren die Ford-eigenen RS-Felgen, hier in der Ausführung der zweiten Generation.

FH 0452

Wenn der Herzog den Granada zur See lässt

Ein veritabler Schwimmwagen mit Ford-Großserientechnik: Das war der Conte Amphibian. Aber weil sein Konstrukteur mehr Geld mit Fertigbauhallen und Kranbrücken verdiente, blieb es bei einem Einzelstück (das bis heute überlebt hat).

Der Maschinenbauingenieur Josef Herzog (1935–1997) hatte in Kriftel bei Hofheim im Taunus eine Stahlbaufirma und produzierte Hallen und Kranbrücken. Ende der 1970er-Jahre war die Auftragslage schlecht, Herzog suchte nach einer Alternative und baute ein Amphibienfahrzeug. Ford war damals noch sehr zugänglich für solche Bastelarbeiten, und die internationalen Prüfnormen für ein neues Fahrzeug waren nicht so hochgestochen wie heute. Mit Ford abgesprochen war eine Anfangsserie von zehn Exemplaren. Die Wannen waren produziert, die Aggregate von Ford lagen bereit, ebenfalls die Zwischengetriebe. Alles wäre für die Produktion bereit gewesen, hätte sich nicht die Auftragslage für Herzog drastisch geändert. Plötzlich waren seine Hallen wieder gefragt, und für den Schwimmwagen gab es keine Kapazitäten mehr. Ein Exemplar wurde fertiggestellt.

Die Arbeiten am Prototyp waren beendet, der Vorstellungstermin auf der IAA im Herbst 1979 rückte näher. Da fiel Herzog ein, dass sein Kind dringend einen Namen brauchte. Wie weiland August Horch seinen Namen ins Lateinische übersetzte und die Marke Audi schuf, fiel Josef Herzog ein, dass sein Name auf italienisch Conte heißt. So war der Conte Amphibian geboren. Zurück geht der Conte wie so viele stecken gebliebene Amphibienprojekte auf den Altmeister des Schwimmwagens, Hanns Trippel. Er schaffte es während seines langen Lebens – Trippel verstarb 2001 im Alter von 93 Jahren und war bis zuletzt aktiv –, viele Firmen zum Bau von Schwimmwagen zu überreden. Meist endete die Zusammenarbeit im Streit und häufig mit dem Bankrott des jeweiligen Unternehmens. Bei Herzog gab es ebenfalls nur Streit mit Hanns Trippel. Die Zusammenarbeit war bereits beendet gewesen, bevor er mit dem Unterfangen begann. Nur die prinzipielle Begeisterung Herzogs für das Thema stammte von Hanns Trippel.

Der Conte Schwimmwagen war ein Fahrzeug von beeindruckender Größe. Bei aufgesetztem Hardtop war der Wagen mit 2,15 Metern mehr als mannshoch, knapp zwei Meter Breite und eine Länge von 5,40 Metern machten ihn zum stattlichen Gefährt. Durch den hohen Aufbau hatte der Conte einen großen Freibord im Wasser, das heißt, die Karosserie ragte weit über die Wasseroberfläche hinaus. Die Höhe des Conte Amphibian resultierte daraus, dass Herzog die beiden wesentlichen Komponenten, Schwimmwanne und Aufbau, konsequent trennte. Die verzinkte Stahlwanne ist vom Boden aus 89 Zentimeter hoch, und nur sie versank beim Schwimmen im Wasser, die eigentliche Karosserie aus Leichtmetall ragte stets heraus. Maritim gesprochen markiert also der Übergang zwischen Wanne und Aufbau den Freibord. Optisch mag der Conte etwas unbeholfen auf seinen kleinen Rädern daherkommen und durch den hohen Aufbau den Eindruck erwecken, als würde er in schnellen Kurven sofort umkippen. Wegen der schweren Stahlwanne und der leichten Alukarosserie stimmt das aber nicht.

Die meisten technischen Komponenten entstammten dem Ford-Teilelager, und die Granada-Ähnlichkeit offenbarte sich durch Kühlergrill, Scheinwerfer und Rücklichter, Windschutzscheibe, Seitenfenster sowie Stahlsportfelgen. Unter der Haube werkelte der V6-Motor mit 2,3 Litern Hubraum und 114 PS, Einzelradaufhängung und Achsen stammten ebenfalls vom Granada. Der Conte hatte keinen Allradantrieb, eine 50-prozentige Differenzialsperre vermochte die mangelnde Geländegängigkeit kaum auszugleichen. Gerade ein Amphibium benötigt zum Anlanden dringend Vierradantrieb. Während beim Wassern die angetriebene Hinterachse das Fahrzeug zumindest an flachen Ufern sanft ins Wasser gleiten lässt, benötigt es beim Anlanden schon eines zusätzlichen Vorderradantriebs, der das schwimmende Ding aus dem Wasser zieht. Der Schub der Schwimmschraube reicht dazu meist nicht aus.

Trotz ausschließlichen Heckantriebs ging es im Innenraum richtig offroadig zu. Drei Schalthebel erfreuten den Betrachter, aber keiner davon war mangels Masse für den Vierradantrieb zuständig. Neben dem normalen Schalthebel für die serienmäßige Ford-Viergangbox ragte ein zweiter Hebel für die Sperre aus dem Getriebekasten, dahinter war ein Nebengetriebe für den Schraubenantrieb angeflanscht, das mit dem dritten Schalthebel bedient wurde. Der komplette Innenraum inklusive Armaturenbrett und Türverkleidungen war original Granada, ebenso die Zahnstangenlenkung mit Servounterstützung.

Hoher Freibord: Beim Schwimmen ragte der komplette Aufbau aus dem Wasser, nur die Wanne blieb unter der Oberfläche.

Hardtop serienmäßig: Wenn die Rücksitzbank entfernt war, konnte im Conte gecampt werden. Platz genug für ein Bett mit Gaskocher war da.

Massige Erscheinung: Mit den serienmäßigen 14-Zoll-Ford-Felgen wirkte der Conte etwas unproportioniert. Das Einzelstück hatte eine Straßenzulassung mit TÜV und diente als Testwagen.

Der Wasserantrieb des Prototyps erfolgte in frühem Stadium durch eine außerhalb unter dem Fahrzeug wirkende Kettenübersetzung. Sie koppelte die beiden Schrauben mit den Radwellen. Dadurch drehten die Hinterräder im Wasser mit. Ebenfalls ein immenser Nachteil von ausschließlichem Heckantrieb ist das Lenken im Wasser. Solange die Schrauben mit den Antriebswellen der Hinterräder gekoppelt waren, konnte der Amphibian fast nicht gelenkt werden, weil der Lenkeinschlag nicht angetriebener Vorderräder das massive Gefährt im Wasser praktisch unbeeindruckt ließ. Später rüstete Herzog auf ein Hydrauliksystem um, das von einem Nebengetriebe gespeist wurde. Das ermöglichte, dass die Schrauben unabhängig vom Radantrieb einzeln oder auch gegenläufig rotierten. Dadurch wurde der Conte Amphibian im Wasser recht wendig und konnte wie ein Kettenfahrzeug an Land sozusagen auf der Stelle drehen.

Bereits auf der IAA kündigte Josef Herzog Verbesserungen für die kommende Serie an. So wollte er die größere Version des Ford V6-Motors mit 2,8 Litern Hubraum und 135 PS einbauen, und die Stahlwanne sollte aus rostfreiem Edelstahl statt verzinktem Blech gefertigt werden. Zur Präsentation im Herbst 1979 verteilte Herzog eifrig Prospekte und Preislisten. Danach hätte der Wagen in Zweifarbenlackierung inklusive abnehmbarem Hardtop und exklusive Mehrwertsteuer (damals 13 Prozent) 64.790 D-Mark mit der 2,3 Liter-Maschine und 65.820 DM als 2,8er kosten sollen. Die Aufpreisliste war lang und interessant. Abgesehen von Granada-typischen Luxusextras wie getönter Frontscheibe, Halogenscheinwerfern, elektrischen Fensterhebern, Klimaanlage und Recaro-Sitzen bot Herzog maritime Sonderteile an: Notpaddel, Anker, Bugtau, Fender und für 86 DM ein 20 Meter langes Nylonseil mit zwei Schlaufen, Karabinerhaken und Schäkel. In Zeiten, als es keine Handys gab, verkehrte man per Citizen Band miteinander; eine CB-Radio-Funk-Anlage veranschlagte Herzog mit 1824 DM.

Durch die Verwendung von Großserienteilen von Ford wäre beim Conte die Wartung äußerst einfach gewesen, denn jeder Ford-Händler hätte die Mechanik reparieren können. Aber es hat nicht sollen sein. Der Conte Amphibian blieb ein Einzelstück, und die im Prospekt abgebildeten Fahrzeuge unterschiedlicher Farbe waren nichts als ein Kunststück der Werbeagentur.

07 KV 142

Eine spezielle Liebe: Der Granada und die Deutschtürken

»Der Türkenford«: So nannten die Deutschen den Granada, vor allem den Einser, aber nur als Gebrauchtwagen. Den »Türkenford« fuhren die Türken in Deutschland, als er ein Gebrauchtwagen war, ab Mitte der 1970er-Jahre ein Jahrzehnt lang. Den Granada II fuhren sie auch, der Verbundenheit wegen, aber weniger häufig als den Einser. Als der Granada II zum preiswerten Gebrauchten wurde, tendierten die Deutschtürken eher in Richtung Mercedes. Man steigt auf.

Warum ist der Ford Granada eine Zeit lang der »Türkenford« gewesen? Das hat mehrere Ursachen. Dabei geht es um »Gastarbeiter«, wie die Arbeitsmigranten in der Bundesrepublik anfangs mit Blick auf die zeitliche Befristung korrekt genannt wurden. Später bürgerte sich der Begriff ein, als sie längst keine »Gast«-Arbeiter mehr waren, sondern hier heimisch wurden.

Anfang der 1960er-Jahre, das Wirtschaftswunder befand sich auf seinem Höhepunkt, hatte die Bundesrepublik zu viel Arbeit für zu wenige Arbeitnehmer und warb diese deshalb in südeuropäischen Ländern und der Türkei ab, wo die Arbeitslosigkeit in gewissen Regionen hoch war. Die Initiative dazu ging nicht von Westdeutschland, sondern von den südeuropäischen Staaten und der Türkei aus. Es gab Anwerbeabkommen mit diversen Ländern, darunter Italien 1955, Spanien und Griechenland 1960, im Folgejahr mit der Türkei. Angestrebt wurde damals eine zeitliche Beschränkung, doch viele blieben hier, bis heute in dritter Generation. Die meisten der türkischen Arbeitsmigranten waren anatolische Bauern. Die Organisation der Anwerbung und Vermittlung lag in Händen der Bundesanstalt für Arbeit. Ford in Köln hatte sehr großen Arbeitskräftebedarf und organisierte deshalb ab 1963 selbständig Reisen für arbeitswillige Türken nach Köln. Weitere große Arbeitgeber

Bis ins neue Jahrtausend hinein waren die Einser-Granadas fester Bestandteil des türkischen Straßenbildes – nicht mehr in den Metropolen, aber in der Provinz durchaus. Aufnahme vom Sommer 2001.

dort waren der Motorenhersteller Klöckner-Humboldt-Deutz, der Kabel- und Drahtseilhersteller Felten & Guilleaume und die Schokoladenfabrik Stollwerck. Die Bundesanstalt für Arbeit unterstützte die Kölner Firmen beim Bau von Unterkünften, um 1970 lebten in Köln rund zwei Drittel der Türken ohne ihre Familien in Arbeiterwohnheimen. Dann kam der Familiennachzug, und Anatolier hatten damals große Familien. So wurde Köln zu einer Stadt mit besonders hohem Anteil an Türken – bis heute: Von den 1.084.795 Kölnern im Jahr 2017 haben 414.789 einen Migrationshintergrund, also fast die Hälfte. 2017 waren es zwar nur 54.575 reine Türken, aber weil die meisten Menschen mit türkischem Migrationshintergrund mittlerweile die deutsche oder eine doppelte Staatsangehörigkeit haben, ist deren Zahl in Köln viel höher. Die offizielle Kölner Statistik weist 93.698 Deutschtürken anno 2017 aus.

Viele arbeiteten bei Ford, identifizierten sich mit Ford, und deshalb hatten auch andere Türken in der ganzen Bundesrepublik eine Affinität zu Ford, auch wenn sie nicht dort beschäftigt waren. 1965 arbeiteten bei Ford knapp 6300 Türken, 1970 waren es 12.000. Damit stellten die türkischen Mitarbeiter bei Ford die größte geschlossene Gruppe von Türken und türkischen Arbeitern in der Bundesrepublik dar. 1972 gab es erstmals türkische Betriebsratsmitglieder bei Ford, ab 1978 erstmals ein türkisches Aufsichtsratsmitglied in der Bundesrepublik überhaupt. Ford bemühte sich von Anfang an um die Eigenheiten seiner neuen Mitarbeiter, ermöglichte ihnen, dem Ramadan zu folgen, bot bewusst schweinefleischlose Gerichte in der Kantine und Freizeitaktivitäten in türkischer Sprache an. Die Ford-Freizeit-Organisation hatte sogar türkischsprachige Bücher in ihrer Ausleihbibliothek. Das alles sorgte dafür, dass die Kölner Ford-Türken ein gutes Verhältnis zu ihrem Arbeitgeber hatten (und haben), was sich unter den Deutschtürken im ganzen Land herumsprach. Ford war den Türken gewogen und die Türken waren Ford gewogen. Also fuhren sie Ford. Und weil sie große Familien hatten und im Sommerurlaub eine weite Reise in die Heimat machten, bevorzugten sie den größten Ford, zunächst den P7b, dann den Granada oder gleich die Kleinbusversion des Transit. Kinder und Enkel von türkischen Fremdarbeitern der ersten Stunde arbeiten heute noch gerne bei Ford.

Typisch, klischeehaft, authentisch: Transit Kleinbus im türkischen Alltag, jenseits des Bosporus, im kleinasiatischen Teil der Türkei, in Anatolien. Aufnahme 1972.

Consul Turnier, ebenfalls im Sommer 2001 in der Türkei gesichtet. Der Wagen ist rundum verbeult, aber augenscheinlich kaum rostig. Aufgewertet wird er durch Radkappen des französischen Chrysler/Simca 2 Litres. Vor ihm ein Tofaş Şahin, die modifizierte türkische Version des Fiat 131.

Cover des türkischen Transit-Prospektes von 1978, lauter gelbe Transit mit rasanten, schwarzen Streifen.

Das ist der eine Aspekt, warum Türken in den 1970ern und -80ern häufig Ford und speziell den Granada fuhren. Der andere liegt in der Türkei selbst begründet. Denn dort gehört Ford seit 1959 quasi zu den einheimischen Marken, neben ganz wenigen anderen Autofirmen. Der türkische Geschäftsmann Ahmet Vehbi Koç gehört zu jenen, welche die Türkei industrialisierten, indem er Güter im Land produzierte, die zuvor importiert hatten werden müssen, darunter Glühlampen, Konserven und Stahl, und Koç produzierte auch Gas im eigenen Land. Und Autos. In Istanbul gründete er die Otosan Otomobil Sanayii, ab 1963 liefen Ford-Fahrzeuge in Lizenz vom Band, was Ford in der Türkei sehr populär machte. Otosan baute auch eigens konstruierte Fahrzeuge, den Anadol zwischen 1966 und 1985 (ein Mittelklassewagen mit Kunststoffkarosserie, Konstruktion von Reliant in England, dessen Technik vom englischen Ford stammt, erst Anglia, dann Escort, dann Cortina). Es gab damals nur wenige weitere Autohersteller in der Türkei, zunächst die Firma Tofaş in Bursa, gegründet 1969 und seit 1971 mit dem Bau des Tofaş Murat alias Fiat 124 beschäftigt. Auch dieses Lizenzgeschäft fädelte Ahmet Vehbi Koç ein. Sodann baute die Oyak Otomobil Fabrikalari ab 1971 den Renault 12, zeitgleich mit dem Tofaş. Kaum nennenswert waren die Produktionszahlen des Zafer, eines von der Türk Otomotiv Endüstrileri in Lizenz gebauten Triumph Herald mit eigenständiger Karosserie, und des Škoda 1202, von 1965 bis Ende der 70er-Jahre von Celik Montaj in Kartal gefertigt, bis 1972 im originalen 50er-Jahre-Gewand, danach mit neu geformter, eckiger Kunststoffkarosserie.

Taunus TC II mit Kunststoffstoßfängern, schräg gestellter Front und in Wagenfarbe lackiertem Grill: Derart modernisiert baute Otosan den Ford Taunus bis 1993.

Die Pick-ups auf Taunus- und Sierra-Basis hießen stets Ford P100, egal, von welchem Montageband sie liefen. In der Türkei wurde er bis 1997 gefertigt, zuletzt mit 2-Liter-Motor und modifizierter Front.

Otosan produzierte zunächst den englischen Ford Consul Mk II und Ford-Thames-Lastwagen sowie den deutschen Taunus 17m P3 Turnier. Parallel zur zwanzigjährigen Anadol-Episode lief ab 1967 der Transit vom Band, und 1977 stieg Ford mehrheitlich bei Otosan ein. Danach konzentrierte sich Otosan ab 1984/85 auf den Taunus: Aus Köln kamen die Produktionsanlagen für den Taunus TC II, nachdem dieser hier vom Sierra abgelöst worden war. Zunächst Taunus 1,6, später zusätzlich der 2-Liter, als Viertürer-Limousine sowie Pick-up namens P100, und im Laufe der Jahre wurde der Taunus TC II optisch modifiziert. Produktion bis 1993, der Pick-up sogar bis 1997 (insgesamt 50.927 Taunus vom Bosporus). Heute wird der Ford Transit für den gesamten Weltmarkt bei Otosan gefertigt.

Der erste Anadol von 1966: Ein gefällig und weich gezeichneter Zweitürer mit Kunststoffkarosserie und englischer Ford-Technik.

Aus dem türkischen Straßenbild ist der Anadol längst verschwunden, dieser war im Sommer 2001 noch im Alltag unterwegs. Der Anadol ist heute ein Liebhaberfahrzeug und genießt, wie der Tofaş, Kultstatus.

Ab 1971 gab es den Anadol auch als Viertürer in Luxusversion SL und als Kombiwagen 1600 SV mit stark abgeschrägtem Heck. Cover des 1978er-Prospekts.

Efes Pilsen
FICI BIRASI
MUAMMERIN YERI
Efes Pilsen
FICI BIRASI

Istanbuler Straßenszene von 1972 mit zwei viertürigen Anadol, der rote privat, der weiße ein Taxi, und im Vorüberfahren der omnipräsente Mercedes Strich-Acht.

Dieses Coupé hatte niemand der türkischen Firma Anadol zugetraut: Der Anadol STC-16 mit Ford-Mechanik und Kunststoffkarosserie sah einfach nur gut aus.

Tofaş Murat alias Fiat 124 vor der Theodosanischen Mauer in Istanbul aus Zeiten, als dieses noch Konstantinopel hieß und das Auto nicht erfunden war. Aufnahme 1975.

Die lokale Verwurzelung der Marke Ford in der Türkei ist der zweite Grund, warum Deutschtürken gerne Ford fahren. In den 1970ern und -80ern war es Usus, dass sie jedes Jahr einen anderen Gebraucht-Granada erwarben, ihn bis zum Sommer fuhren und auf dem Weg in den Heimaturlaub auf eigener Achse in die Türkei brachten. Dort verkauften sie ihn und kamen mit dem Zug zurück. Der Granada-Bestand in der Türkei war sehr hoch, und nahezu alle Fahrzeuge besaßen Bedienungsanleitungen in deutscher Sprache, denn sie hatten eine deutsche Erstzulassung. Noch heute hat der Granada in der türkischen Altautoszene einen hohen Stellenwert. Die dortigen Wagen entsprechen aber selten einem guten Originalzustand. Gut mag der Zustand sein, auch wegen des dortigen Klimas, original aber nicht. Offenbar lieben es die Türken, ihre Klassiker zu individualisieren.

Ein Auto, das kaum jemand kennt: Der Zafer Triumph 12/50 mit Mechanik des Triumph Herald, aber eigenständiger Karosserie. Sie ist keine türkische Entwicklung. Der Wagen ist die Lizenzfertigung des israelischen Sabra Carmel. Aber den kennt auch kaum jemand.

Auch ein totaler Exot: Škoda 1202 Pick-up aus der Türkei mit Kunststoffkarosserie, ebenfalls ein Lizenzprodukt. Er stammt aus Pakistan und hieß dort Škopak.

Dolmuş heißen Sammeltaxis für rund acht Personen in der Türkei. Ein Mittelding zwischen Taxi und Omnibus; sie fahren erst dann los, wenn sie voll besetzt sind. Heute sind das meist Kleinbusse. Bis in die 1980er waren es von lokalen Karosseriebauern verlängerte US-Cars, wie dieser '55er Chevrolet in Instanbul 1982.

Old Soldiers never die, ...

...they just fade away. Das Renommee eines Einser-Granada war in den 1980er-Jahren, gelinde gesagt, unterirdisch schlecht und völlig am Boden. Der Bürger nahm ihn als Türken-Schüssel wahr und meinte dies durchaus abwertend, auf dem Gebrauchtwagenmarkt war ein Einser-Granada schlichtweg unverkäuflich. Selbst gut erhaltene Exemplare dienten lediglich als Ersatzteillieferant, entweder für modernere Zweier-Granadas oder als Technikspender für Capris. Denn so manch ein Capri-Fahrer war ganz scharf auf einen 3-Liter-Motor samt Getriebe. Dafür mussten sogar gute Granada Ghia ihr Leben lassen. Was übrig blieb, wurde weggeworfen.

Anfang der 1990er wurde der Einser-Granada zum Szenevehikel, die Freaks nannten ihn »Granni«, was sie gerne englisch aussprachen, und das waren manchmal tatsächlich nicht die seriösesten jungen Leute. Granadas wurden in Blues-Brothers-Manier als US-Polizeiautos lackiert, manchmal auch mattoliv oder mattbeige als Warrior-Fahrzeuge, trugen nicht selten provokante Sprüche und fast immer einen Ghia-Grill. Ein Granada, dem das Schicksal zuteil werden ließ, zum Szenevehikel zu werden, hatte keine lange Lebensdauer mehr vor sich. In England war es nicht viel anders, doch dort ließen die Wagen ihr Leben als Banger-Racer, was eine Art Hardcore-Autocross ist.

Wenige Visionäre kauften Ende der 1980er die letzten, guten Einser-Granadas, nannten sie nicht »Granni«, sondern »Granada« und pflegten die letzten Rentnerfahrzeuge, teilweise bis heute. In Studentenkreisen gab es in den späten 80ern und frühen 90ern eine rege Szene für den Granada I, es existierten eine überregionale Interessengemeinschaft mit Clubmagazin, lokale Stammtische und Treffen. Organisiert war alles, vom 500-Mark-Standard-Zweitürer bis zum Ghia mit 5-Liter-Mustang-Motor. Was die ernsthaften Granada-Jünger schon früh einte, war die schwierige Ersatzteilbeschaffung. Technisch kein Problem, der Nachfolger war ja eben erst ausgelaufen. Aber Blechteile, Chrom und Teile für die Innenausstattung, also alles Granada-I-Spezifische, war damals schon Mangelware. Das zentrale Ford-Ersatzteillager in Köln-Merkenich war nämlich am 20. Oktober 1977, eben nach Auslaufen

So kommt man auf den Geschmack: Ein Winterauto, eine ausgelutschte Kröte mit einem halben Jahr TÜV, für 300 D-Mark gekauft, war der Auslöser für die Granada-Affinität des Autors. Im Frühjahr 1987 ging der 2-Liter-Granada den Weg alles Irdischen, doch er ward nicht vergessen, bis ihm ein gutes Exemplar folgte. Nun als Sommerauto.

Ein '73er Granada in letzter Hand, Anfang der 1980er-Jahre, neben einem Taunus 12m P4. Auch er war der Auslöser für eine lange andauernde Leidenschaft

des Granada I, abgebrannt. Und mit ihm alle Ersatzteile! Das bedeutete: Wer einen Einser-Granada aufrechterhalten wollte, war auf Händlerbestände (was man so schön »NOS« nennt, also »new old stock«), England-Importe und vor allem auf eine Handvoll Spezialisten angewiesen, welche die Alt-Ford-Freunde versorgten und sogar Kunststoff-Nachfertigungen der Vorderkotflügel initiierten. Not verbindet! Die Granada-I-Szene war sehr rege damals.

Was heute in Liebhaberhand ist, ist meist mehr oder weniger restauriert, wobei das Wort der Restaurierung eben nicht definiert ist und somit einen unterschiedlichen Begriffsinhalt hat, je nach Ansicht dessen, der den Wagen aufarbeitete. Oftmals besteht die »Restaurierung« eher aus Reparaturarbeiten und einem Neulack. Eine vernünftige Restaurierung überschreitet lange Zeit den Wert des Fahrzeugs. Heute ist der Granada I ein arrivierter Klassiker, und er hat auch einen Wert. Denn wie sein Erzrivale, der Opel Rekord D/Commodore B, schon zu Lebzeiten das gefälligere und unauffälligere Fahrzeug war, so ist es auch heute: Granadas sind expressiv. Und deshalb stehen sie recht hoch im Kurs. Einser-Granadas, wohlgemerkt.

Ende der 1980er: Granada und Lancia Beta auf dem hinteren Teil eines ehemaligen Gebrauchtwagenplatzes in der Stuttgarter Peripherie. Der einzige Zugang zu diesem Bereich wurde nach einem Sturm 1985 durch einen umgeknickten Baum versperrt, die Autos waren eingesperrt. Weil es dem Händler zu viel war, den Baum entfernen zu lassen, wurde aus dem Gebrauchtwagen- ein Schrottplatz. In den 90ern wurde es ein Bauplatz, der Schrott kam weg, Mietshäuser kamen hin.

Unter der Sonne Anatoliens: aufgelassener und weitgehend geschlachteter Granada in der Türkei.

Autofriedhof im oberösterreichischen Wels mit viertürigem Granada GL in Stratosilber, Aufnahme 2004, und zu diesem Zeitpunkt ein eher ungewöhnlicher Schrottplatzfund.

Derselbe Ort, eine andere Ecke: gelber Granada L Turnier, rostfrei und komplett, wegen eines Motorschadens eingeliefert und danach nicht mehr berührt.

Ein typischer Szene-Granada der Spät-80er und Früh-90er: Der Fahrer war wohl Schlosser, und trotz des Zustandes legte er Wert auf einen deutlich lesbaren Schriftzug an seinem Auto.

Derselbe Wagen. Das war der ehemalige Einsatzleitwagen der Ulmer Feuerwehr. In seinem aktiven Dienst trug er allerdings die Vorderkotflügel nicht in Fahndergrün. Aufnahme August 1992. Damals gab es noch Telefonzellen, und sie waren gelb.

REWE
REWE
ULM

Böses Auto: Szene-Turnier mit dem obligatorischen Ghia-Grill. Schön ist der Wagen nicht, aber sein Eigentümer gab sich Mühe und griff in Sachen Windschutzscheibenhöhe und Motorhaubengestaltung ziemlich in die Substanz ein. Aufnahme in München-Milbertshofen im September 1996.

Der Zweier wurde lange, viel zu lange, links liegen gelassen. Erst in den vergangenen rund fünf Jahren besannen sich die Klassiker-Enthusiasten seiner, sehr lange stand er im Schatten des Einser. So wie dieser in seiner wertfreien Zeit den Capris seinen Motor opfern musste, wurden Zweier-Granadas viel zu lange als Organspender für Einser gesehen und mussten ihre 2,8-Liter-Einspritzer mit Fünfganggetriebe abgeben. Das ist nun anders. Gut erhaltene Fahrzeuge sind nicht nur im Kommen, sie stehen schon richtig gut im Kurs – und kurioserweise sind es eher die Modelle ab 1982, die begeistern. Davon sind logischerweise auch noch mehr unter uns.

Und der Scorpio? Der Scorpio als Klassiker? Legen wir den Mantel des Schweigens darüber. Sprechen wir in zehn Jahren nochmals über das Thema. Dann vielleicht... Wer klug ist, kauft sich jetzt ganz schnell einen der letzten echt guten '98er Scorpio. Heute lacht man über den Käufer. Später ist er es, der lacht.

Schwer modifizierter Pick-up aus Monte Carlo, offenbar einstmals ein sorgfältig ausgeführter Umbau, der zum Zeitpunkt der Aufnahme Ende der 1980er Jahre bereits deutlich verfiel.

Ausgediente Bestattungswagen waren schon immer beliebte Szenevehikel – auch, weil sie provokant wirken, ein Bürgerschreck sind. Den Aufbau besorgte Welsch in Mayen, und ohne Ghia-Grill war ein Granada I damals nicht präsentabel.

Selbst einstmals stolze Langlimousinen von Coleman Milne konnten in letzter Hand in die falsche Hand kommen. Dieser Wagen dürfte seinen Besitzer nicht lange ausgehalten haben. Foto 1990 in Südfrankreich.

Rost in Peace: 1977er-Granada mit den nur zwei Jahre lang verwendeten Nirosta-Radkappen in äußerst traurigem Zustand neben Peugeot 204, anno 2000 auf einem Werkstatt-Hinterhof in Vaire-le-Petit im Burgund erspäht.

Wohl noch nicht ganz fertig: Granada II Pick-up zu verkaufen. Ob er jemals ganz fertig geworden ist?

Selten: Zweier-Granada als Liebhaberfahrzeug auf einem Oldtimertreffen, hier bei der Retro-Classics in Stuttgart. Den Zweier hat die Klassikerszene erst jüngst für sich entdeckt, und ein Granada Saphir aus der Schweiz im Traumzustand ist eben auch ein Traumauto.

K DV 180

Ford Scorpio: Zu anders fürs Establishment

War es mutig oder selbstmörderisch? War es innovativ oder eine Zumutung? Oder von allem etwas? Der Ford Scorpio polarisierte vom ersten Tage an. Aber er bedeutete keinen Kulturschock. Den hatte Ford bereits hinter sich gebracht, mit dem Sierra drei Jahre früher. Insofern war der Scorpio eine logische Konsequenz. Und doch wieder nicht... Denn er spielte in einer anderen Liga als der Sierra, sprach eine andere Klientel an, und insofern war es zweifellos mutig von Ford, in der automobilen Oberklasse dieselbe Formensprache zu sprechen wie in der Mittelklasse. Denn die ehemaligen Granada-Käufer hatten andere Ansprüche als die ehemaligen Taunus-Kunden. Was einem Taunus-Kunden recht war, war einem Granada-Kunden noch lange nicht billig. Und ein Suizidgedanke spielte zumindest ansatzweise schon mit. Ein Auto mit schrägem Heck sollte sowohl ein Auto mit Stufenheck als auch einen Kombi ersetzen. Dahinter steckte viel Optimismus seitens Ford. Um es vorwegzunehmen: Der Schuss ging, zumindest anfangs, gewaltig nach hinten los.

Ein schräges Heck in der Oberklasse, gar eine große Heckklappe. Das hatten schon andere probiert und ihre Erfahrungen damit gesammelt. Bei Citroën ging es 1974 mit dem CX gut, obgleich die Franzosen dem schrägen Heck eben das nicht gönnten, was eigentlich das Attribut des schrägen Hecks ist, nämlich die Heckklappe. Aber die Citroën-Kunden folgten den Vorgaben »ihrer« Marke, denn sie kauften den Citroën um des Citroën willen. Hier gaben nicht die Kunden einen Wunsch vor, den der Hersteller befriedigte, sondern die Marke gab eine Umsetzung vor, der die Kunden folgten. Dann, drei Jahre später, Rover. Ebenfalls ein Individualistenauto, und die britische Klientel des Rover P6 tickte schon sehr ähnlich wie die französische der Citroën DS. Dass Rover den P6-Nachfolger SD1 mit schrägem Heck und großer Klappe kreierte, stieß anfangs auf große Irritationen. Aber auch hier siegte der Wunsch nach Individualität, der Rover-Kunde wollte sich keine rückschrittliche Spießigkeit vorwerfen lassen. Rover und Citroën – Individualistenautos, Autos für Freidenker und Freiberufler, für Avantgardisten. Quod licet Jovi, non licet bovi, denkt sich der alte Lateiner, wenn Ford dasselbe tut wie Citroën oder Rover: Was sich diese beiden Firmen leisten konnten, konnte sich Ford noch lange nicht erlauben. Aber Ford erlaubte sich genau dies.

Der Schritt war radikal. War der Granada eine klassische Limousine mit dreivolumiger Karosserie, so setzte Patrick le Quément auf das sogenannte Aero-Heck, also eine zweivolumige Karosserie mit schrägem Heck und großer Klappe hinten. Der Unterschied zum Schrägheckfahrzeug mit Stummelheck, das Ford 1980 mit dem dritten Escort kreierte (Design: Uwe Bahnsen) und das Volvo mit dem 343er quasi erfand (wobei der Volvo 343 eine geerbte DAF-Konstruktion war und als Daf 77 hätte erscheinen sollen, Design John de Vries), bestand darin, dass es beim Aero-Heck keine sichtbaren hinteren Dachpfosten gab. Sie waren von getönten Scheiben verdeckt, die Scheibenfläche umfing nahtlos den kompletten Bereich zwischen drittem Seitenfenster und Heckklappe – Ford verbaute am Scorpio fast drei Quadratmeter Glas. Dieser Mode huldigte Ford einige Jahre, der in Deutschland ab 1990 als Capri-Nachfolger lancierte Probe GT (Design Toshi Saito) war ebenso gezeichnet. Darüber hinaus unterschied sich der Scorpio vom extrem eckigen Granada durch ebenso extreme Rundungen. Größer hätte die optische Diskrepanz nicht sein können. Nichts, rein gar nichts am Scorpio erinnert an den Vorgänger, keinerlei Familienähnlichkeit, keine Evolution. Nein, eine Revolution.

Ein schöner, ein eleganter, ein repräsentativer Wagen, und gleichzeitig praktisch durch die große Klappe. Lauter positive Attribute, aber so stellte sich der Granada-Kunde nicht seinen neuen Wagen vor. Im Bild ein Scorpio 2.0i GL von 1985 in der Ford-Ewigkeitsfarbe Stratosilber.

Der Designer des ersten Scorpio, Patrick le Quément, ist auch für den Sierra und den Lastwagen Ford Cargo zuständig. Foto von 2007, längst Renault-Chefdesigner und deshalb mit dem Rhombus am Revers.

Natürlich ist es ungewöhnlich, einen Wagen in der Klasse des Ford Scorpio ins Gelände zu stellen. Aber einem Scorpio 4x4 ziemt genau dies. Denn er bewältigt diesen Anstieg, selbst wenn die Wiese feucht ist.

Er steht etwas höher auf den Rädern als ein Hecktriebler, trägt 15- statt 14-Zöller und ein »4x4«-Signet am Kotflügel: Scorpio mit Allradantrieb in der Botanik.

Der Südfranzose Patrick le Quément, Absolvent des Birmingham Institute of Art and Design, begann seine Automobildesigner-Laufbahn bei Simca und ging 1968 als Designer zu Ford England. Zwischen 1981 und 1985 war er Chefdesigner bei Ford Deutschland, verantwortlich für das Exterieur des Sierra, Scorpio und des Lastwagens Ford Cargo sowie einiger Studien wie dem Ford Probe III, der dem Sierra vorausging. Danach zwei Jahre lang bei Volkswagen, schließlich 1987 bis zu seinem Ruhestand 2009 Chefdesigner bei Renault. Die Sierra-Kundschaft war weniger anspruchsvoll, wohlhabend und konservativ als die Scorpio-Kundschaft. Dennoch tat sich auch der Sierra schwer, vor allem in Großbritannien, wo der Autogeschmack weniger innovativ ist als in Kontinentaleuropa. Aber man freundete sich an, die Briten und der Sierra, und in Deutschland rannte Ford damit offene Türen ein und zeigte Opel erstmals seit langem mal wieder, wo Barthel den Most holt. Immerhin lebte das Sierra-Design mit geringfügigen Facelifts rund zehn Jahre lang, ein guter Wert. Und er ebnete den Weg für eine ganze Generation windschlüpfiger Autos in seiner Klasse. Aber eben in seiner Klasse, nicht in derjenigen darüber, in welcher der Scorpio zuhause war. Und ob allen Sierra-Käufern ihr Auto gefiel, sei dahingestellt. Man kauft ein Auto nicht nur aus Gründen des persönlichen Geschmacks, sondern auch aus Gründen des vom Mainstream vorgegebenen, allgemeinen Geschmacks oder aus Vernunftgründen (Aerodynamik = Spritverbrauchsreduzierung).

Ebenfalls ein 4x4, nunmehr ein Ghia. Und er ist in eher standesgemäßer Umgebung beim Fototermin.

Der Ford Scorpio sollte den Sierra-Erfolg wiederholen oder zumindest auf seiner Erfolgswelle mitschwimmen. Das tat er nicht. Die Zahlen sprechen für sich: Der Granada wurde in zwei Generationen über 13 Jahre hinweg insgesamt 1,6 Millionen Mal gebaut, der Scorpio erlebte ebenfalls zwei Generationen und 13 Jahre, wurde aber nur rund 850.000 Mal hergestellt, erreichte also etwa die Hälfte der Granada-Zahlen. Zahlen sind zwar nicht diskutabel, aber der geringere Erfolg des Scorpio gegenüber dem Granada hat natürlich mehrere Gründe als bloß das Vorhandensein des Aero-Hecks – zumal späte Scorpios überhaupt keine Schrägheckvariante mehr zu bieten hatten.

Ein wesentlicher Grund ist einer, für den der Ford gar nichts konnte. Die Käufer stiegen auf, Premiumhersteller vermochten es, sich ab der gehobenen Mittelklasse aufwärts eine Alleinstellungsposition zu erarbeiten. War der Granada noch eine Alternative zum Mercedes, so war der Scorpio keine Alternative mehr zur E-Klasse, dem Fünfer-BMW und dem Audi A6, so wenig wie der Opel Omega. Der starb nämlich ebenso nachfolgerlos wie der Scorpio, wenngleich ein wenig später. Ford und Opel waren in dieser Klasse spätestens ab den 1990er-Jahren einfach immer weniger gefragt. Und da konnten deren Autos noch so gut sein. Nicht nur Ford und Opel wurden von den Premiumherstellern weggebissen, auch andere Marken in dieser Klasse, seien es Citroën oder Peugeot oder Lancia oder Rover. Zähneknirschend und zermürbt gaben sie alle diesen Sektor auf und überließen ihn den großen drei Deutschen, deren Produkte alternativlos zu sein schienen.

Der Polizeistreifenwagen in Großbritannien schlechthin, vor allem auf den Motorways. Ein Wagen der Dorset Police im Südwesten Englands. Auf der Insel hieß der erste Scorpio nach wie vor Granada.

Lackierbarer Scheinwerfergrill mit Doppelrundscheinwerfern von Hella, angeboten von Taifun-Automobiltechnik in Obertshausen, montiert an einem ansonsten völlig serienmäßigen Fließheck-Scorpio in Regentrot.

Als der Ford Scorpio präsentiert wurde (Produktionsbeginn 20. März 1985), war die Fachpresse begeistert und wählte ihn 1986 zum »Auto des Jahres«. Denn er symbolisierte wie kaum ein anderer Wagen in dieser Klasse Modernität. Die Fachleute kreideten ihm nicht mal an, dass er dem Heckantrieb treu blieb, denn Mitte der 1980er trugen noch viele Neukonstruktionen über 2 Liter den Antrieb hinten. Ein absolutes Novum war das serienmäßige Antiblockiersystem, bislang ein sehr teures Extra, und Ford schaffte es immerhin, trotz der aerodynamisch günstigen Form weiterhin großzügige Platzverhältnisse für die Passagiere bereitzuhalten. Denn Windschlüpfigkeit wird oftmals mit einem engen Innenraum erkauft. Nicht beim Scorpio.

Auch Suhe bot Optiktuning inklusive BBS-Felgen an, darüber hinaus aber auch einen Garrett-Turbo-Kit mit je nach Ausbaustufe 220 oder 250 PS.

Vom Tuning-Wahn in den 1980ern blieb der Scorpio nicht verschont. Einer von vielen Tuning-Betrieben, die sich des Scorpio annahmen, war Selzer-Autotechnik aus Saarlouis. Angebot: Karosserieanbauteile, Sportsitze, Koni-Fahrwerk, Ronal-Alus.

In seiner Urversion gab es den Scorpio von März 1985 bis Februar 1992, viereinhalb Jahre lang ausschließlich als Schräghecklimousine in den Ausstattungsvarianten CL, GL und Ghia mit graduell besserer Ausstattung, der Ghia sogar mit elektrisch verstellbaren Rücksitzlehnen. Motoren: zunächst 1,8 Liter mit 90 PS, 2 Liter ohne Katalysator (105 PS als Vergaser, 115 als Einspritzer) und mit Kat (101 PS mit Einspritzung), Topmotorisierung der bekannte Kölner 2,8-Liter-V6 mit 150 PS. Dazu ein Peugeot-Diesel mit 69 Pferden, ab 1987 als Turbodiesel mit 92 PS. Neue Motoren ab 1987: 2,4-Liter-V6-Injektion mit katlosen 130 und katalysierten 125 PS. Der V6 mit mehr Hubraum, nunmehr 2,9 Liter und weiterhin 150 PS, mit Kat 145 PS, kein 1800er mehr. Ab Mai 1989 neu-

Aus purer Verzweiflung importierten deutsche Ford-Händler den amerikanischen Ford Taurus Wagon, der stilistisch dem Scorpio glich. Sie versuchten damit, Granada-Turnier-Kunden zu halten. In der Schweiz bot Ford den Taurus GL Wagon offiziell an – im Bild ein 1989er-Modell.

Coleman Milne blieb seinem Programm treu und Ford auch: Minster Hatchback mit 15 cm Karosserieverlängerung im Bereich der hinteren Türen.

er 2-Liter-Motor mit zwei oben liegenden Nockenwellen, mit Vergaser 109 oder 105 PS, mit Einspritzung 125 oder 120 PS, kombiniert mit neuem Fünfgang-Schaltgetriebe. Im Zuge der Allradmanie bei Personenwagen offerierte Ford ab Frühjahr 1986 den Scorpio 4x4, ausschließlich mit dem stärksten Motor (Aufpreis 5000 D-Mark). Das 4x4-System verteilte die Antriebskraft über viskogesperrte Zentral- und Hinterachsdifferenziale im Verhältnis 34 zu 66 Prozent auf Vorder- und Hinterachse. Der 4x4 rollte auf 15-Zoll-Rädern (normalerweise 14-Zöller) und trug 205/60 VR 15-Reifen auf RS-Alus. Die Federungsabstimmung teilte er mit den RS-Modellen, also sportlich straff, Gasdruckstoßdämpfer, größerer Querstabilisator. Der 4x4 war anfangs der einzige Scorpio mit serienmäßiger Servolenkung. 4x4 war zunächst ein eigenes Ausstattungspaket, ungefähr zwischen GL und Ghia angesiedelt, ab 1987 gab es den Allradantrieb im GL und im Ghia. Automatik war nicht mit dem Allradantrieb kombinierbar.

Das Scorpio-Fahrwerk übernahm nichts vom Vorgänger, McPherson-Federbein-Vorderachse mit Querstabilisator, Schräglenkerhinterachse.

In den 1980er- und frühen 90er-Jahren, als Optiktuning zum Selbstzweck wurde und jeder Kunststoff verarbeitende Betrieb Spoiler und Schwellerverbreiterungen, von fragwürdig bis hoch professionell, fertigte, bot Ford weiterhin das bekannt-bewährte RS-Zubehör an. Während die Externen stets damit argumentieren konnten, das Serienprodukt zu verbessern, bleibt dem Hersteller selbst diese Aussage natürlich verwehrt. Ford fand die passenden Worte: »Die harmonische Linienführung des Scorpio bildet die Basis für wohlproportionierte Design-Akzente.« Das RS-Paket umfasste Front- und Heckschürze, Seitenschweller, Heckspoiler – und wenn man die Frontpartie im RS-Design genau ansieht, so meint man, einige der Styling-Merkmale des späteren Scorpio '95 zu erkennen. Je fünf unterschiedliche Alufelgen offerierte Ford für die Limousine (5-Speichen-Design) und den Turnier (7-Speichen-Design), dazu 205er-Reifen, 16-Zöller für die Limousine, 15-Zöller für den Turnier. Das RS-Paket gab es serienmäßig in Verbindung mit den höherwertigen Ausstattungen GLX und Ghia, war aber nicht kombinierbar mit allen Außenfarben. Ende 1988 erschien das Sondermodell Exclusiv auf CL- oder GL-Basis mit serienmäßigen Extras, äußerlich nicht erkennbar, die Zeit der Streifendekors war endgültig vorbei.

Und die Langlimousinen basierten ebenfalls weiterhin auf dem großen Ford: Coleman Milne Grosvenor mit unterschiedlicher Seitenscheibenanordnung als Vier- oder Sechstürer, Modell 1990.

Balsam für die Seele des Granada-Fahrers: Viereinhalb Jahre nach Auslaufen »seines« Autos brachte Ford endlich einen würdigen Nachfolger, den Scorpio als Stufenheck-Limousine. Im Hintergrund ist ein heruntergewirtschafteter Zweier-Granada der ersten Bauserie zu sehen.

Es dauert lange. Doch Ford tut was.

Ford hatte sich dem Kundenwunsch nach einer viertürigen Stufenhecklimousine lange entzogen und meinte, sein Aero-Heck-Konzept auf Biegen und Brechen am Markt durchboxen zu müssen. Als es nicht mehr anders ging und die Kundschaft scharenweise einen Opel Omega kaufte, zog Ford endlich den Kürzeren und schob im Dezember 1989 die Stufenheckversion nach (Präsentation 16. Januar 1990 in Wittenberg, gut zwei Monate nach dem Mauerfall (!), Verkaufsstart 15. Februar 1990). Prompt war dies der bestverkäufliche Scorpio. Der Wagen sah sehr gediegen und repräsentativ aus, Preis identisch zur Aero-Heck-Version. Genau so hatten sich die Käufer des großen Ford den Nachfolger des Granada vorgestellt. Zeitgleich mit der Präsentation der Stufenheck-Limousine unterzog Ford den Scorpio einem kleinen Facelift, das Markenemblem wanderte von der Motorhaube in den Grill. Ab 1990 gab es keine katlosen Motoren mehr, auch keine Vergaserversionen, und aus dem 2-Liter-Einspritzer wurde ein DOHC, weil er nunmehr über zwei oben liegende Nockenwellen verfügte, 120 PS. Den Kölner V6 gab es fortan als 2,4 Liter mit 125 und als 2,9 Liter mit 145 PS, der Diesel erstarkte dank Garrett-T3-Turbolader um 23 auf 92 PS. Allradantrieb nicht mehr in Verbindung mit der Ghia-Ausstattung. Überhaupt wurden die Ausstattungsvarianten immer unübersichtlicher. Zwar blieb es zunächst bei CL, GL und Ghia, aber dazu offerierte Ford nicht nur Einzelextras, sondern auch Pakete (Touring-, Exclusiv-, Winter-, Ghia-Winter-Komfort- und sogar ein Ghia-Vordersitz-Paket).

Ein ausgewogen und elegant gezeichneter, konventioneller Wagen mit stattlichem Ladevolumen (490 Liter), das sich durch die umklappbare Rücksitzlehne variabel vergrößern ließ. Lackierung Magentarotmetallic.

Mit dem Turnier ließ sich Ford noch mehr Zeit, bis März 1992, gleichzeitig mit dem zweiten Facelift. Damals waren die jüngsten Granada Turnier bereits sieben Jahre alt und zumeist nicht mehr in erster Hand. Das heißt, der klassische Granada-Turnier-Fahrer hatte bereits Erfahrung mit einem anderen Fabrikat, großteils Mercedes W 124 oder Opel Omega. Diese Kunden zurückzuholen, war für Ford fast unmöglich. Die Turnier-Käufer nahmen es Ford richtiggehend übel, keinen Kombi mehr im Angebot gehabt zu haben. So gut und schön der Scorpio Turnier gewesen sein mag, er konnte nicht an den Erfolg des Vorgängers anknüpfen. Die Kundschaft war regelrecht beleidigt.

Ford konstruierte den Turnier nicht selbst, sondern vergab den Auftrag an ein externes Konstruktionsbüro. Der Scorpio Turnier ist made by IAD. Das ist ein britisches Designstudio, IAD steht für International Automotive Design, gegründet 1976 von John und Yvonne Shute. Aus dem reinen Designstudio erwuchs bald ein Konstruktionsbüro inklusive Kleinserienfertigung, und IAD hatte ausländische Filialen, darunter auch in München, zu Hochzeiten bis zu 1400 Angestellte. IAD kennt man kaum, weil John Shute den Grundsatz der Diskretion sehr in Ehren hielt. Er sah sich als Dienstleister, und der jeweilige Auftraggeber durfte sich mit dem fertigen Produkt schmücken. Dass IAD sich überhaupt zum Projekt Scorpio Turnier bekannte und sogar eine eigene Broschüre dazu drucken ließ, war eine Ausnahme. In der ersten Hälfte der 1990er-Jahre geriet IAD ins Trudeln und landete schließlich komplett in den Händen von Daewoo.

Drei Jahre Entwicklung steckte IAD in Worthing in das Projekt Scorpio Turnier, beginnend im Januar 1989. Die Prototypen entstanden

Sehr edel: Scorpio Cosworth 24V Executive vom Januar 1991. Alle Extras, wie seinerzeit der britische Granada Ghia X.

nach IAD-Maßgaben bei Ford in Köln. Im Frühjahr 1991 wurden die Wagen gezeigt und als Studie deklariert, vermeintlich, um die Marktchancen zu testen. Aber der Scorpio Turnier war natürlich beschlossene Sache, wurde auf der IAA im September 1991 präsentiert und ab Winter 1991/92 als dritte Karosserieversion angeboten, serienmäßig mit hinterer Niveauregulierung. Sofern Ford allerdings gedacht hatte, alle Omega-Caravan- und W 124 T-Modell-Kunden kämen nun reumütig zu Ford zurück, täuschte man sich in Köln. Der Scorpio Turnier wurde freundlich aufgenommen, niemand ließ es sich entgehen, auf die von Ford gemachten Marketingfehler hinzuweisen, und der große Ford Kombi war fortan nur noch einer von mehreren großen Kombis. Die Popularität des Granada Turnier erlangte er nicht mehr.

Cover des Scorpio-RS-Prospekts vom Mai 1992. Das »Covergirl« ist ein Scorpio Ghia Fließheck mit RS-Paket in Bordeauxrotmetallic.

Weiterhin hieß der Scorpio, auch nach dem kleinen 1990er-Facelift, in Großbritannien »Granada« und weiterhin nutzte ihn die Polizei als Streifenwagen, hier ein Exemplar der City of London.

Am Turnier war vieles anders, er war ab der B-Säule eine komplette Neukonstruktion. Die gesamte Dachpartie stieg leicht an, sodass die hinteren Passagiere 3,7 Zentimeter mehr Kopffreiheit genossen. Ähnlich wie beim Aero-Heck schloss die Verglasung im hinteren Bereich bündig ab, eine D-Säule war optisch nicht erkennbar. Der Kombi teilte die Außenlänge mit der Stufenheck-Limousine und war somit 7,5 Zentimeter länger als die Schrägheck-Version. Eine neu konstruierte Hinterachse mit nach außen geneigter Feder-Dämpfer-Einheit baute kompakter und ermöglichte dadurch kleinere Radkästen – wichtig für einen Kombi, bei dem die Durchladebreite zählt.

Zeitgleich mit Einführung des Turnier unterzog Ford den Wagen einem weiteren Facelift, von März 1992 bis September 1994 lief der Scorpio '92, Ausstattungsvarianten nunmehr CLX, GLX, GLX 4x4 und weiterhin Ghia, dazu zwei limitierte Sondermodelle Saphir und Topas. Optische Erkennungsmerkmale: Karosserieveränderungen am Bug (neu waren Motorhaube, Kotflügel und Grill), Blinkergläser weiß. Die verbindende, schwarze Leiste zwischen den Rückleuchten, bisher ein Limousinen-Merkmal, zierte nun auch die Aero-Heck-Version. Innen ein komplett neuer Armaturenträger mit Walnussholz-Einlagen.

Der Turnier. Endlich! Das Foto zeigt die Turnier-Studie vom Frühjahr 1991, angeblich, um die Marktakzeptanz zu testen. Aber natürlich war der Scorpio Turnier längst beschlossene Sache. Es steckten ja drei Jahre Entwicklungszeit darin.

Ab September 1993, also zum Modelljahr 1994, war der Cosworth-Motor auch im Turnier lieferbar. Im Bild der bestausgestattete Cossie, der Ghia. Das Traumauto für Ford-Turnier-Fahrer, wie weiland der Granada 2.8i Ghia S Turnier.

Englischsprachiger IAD-Prospekt von 1991, darin die Selbstvorstellung des Herstellers und eine Projektbeschreibung des Arbeitsauftrags »Scorpio Wagon«.

Am Fährhafen in Cuxhaven im Sommer 1992: Um die 800 Kilometer hatte der Neu-Ulmer Scorpio GLX Turnier bis zur Nordseeküste zurückgelegt. Und nun freut er sich auf die Tage auf Helgoland. Sein Platznachbar ist ein heute weitgehend ausgestorbener Mazda 626 Typ GD mit Schrägheck (1987 bis 1992). Dabei war dieser Mazda damals der bestverkaufte Importwagen und gewann als erstes japanisches Auto in einer deutschen Autozeitschrift einen Vergleichstest!

Ab 1992 gab es einen neuen Topmotor, nicht mehr der Kölner V6-Einspritzer mit 145 PS. Nun kam »Cossie«! Das ist ein 2,9-Liter-24V-Einspritzer von Cosworth, 195 PS stark, nur mit Automatik, klasse zu fahren, aber störanfällig und ungemein teuer (17.000 D-Mark Aufpreis), lieferbar für GLX und Ghia, anfangs nicht für den Turnier. Das war der gleiche Kölner V6 wie die 145/150-PS-Version, aber mit vom englischen Motorenkonstrukteur entwickeltem 24V-Alukopf, Tassenstößel mit hydraulischem Ventilspielausgleich, vollelektronische Einspritzanlage, elektronische Zündverteilung, separate Kühlsysteme für Motor- und Getriebeöl, diverse Verstärkungen im Motorblock. Dazu Gasdruckstoßdämpfer und Querstabilisator an der Hinterachse – ein gediegener 225-km/h-Autobahnstürmer, der den klassischen Spurt in 8,8 Sekunden vollführte und dabei diskret aussah wie jeder andere Scorpio auch. Detailänderungen zum Modelljahr 1994: Der Cosworth-Motor nun auch im Turnier, Fahrer- und Beifahrer-Airbag sowie Gurtstraffer serienmäßig. Der Ur-Scorpio wurde bis September 1994 gebaut.

Das ist ein rundum gediegenes Interieur mit allem, was man sich wünscht (so man Automatik-Fan ist). Innenausstattung eines '94er Scorpio.

Mercury ohne Ypsilon: Der Merkur Scorpio für die USA

Der europäische Ford in den USA – eine lange Geschichte, die 1958 mit dem Taunus 17m P2 begann und vermeintlich mit dem Capri II endete. Auch der Granada I hätte es beinahe über den Großen Teich geschafft und wäre als Ford Mark 1 angeboten worden. Der Scorpio schaffte es, zusammen mit seinem kleinen Bruder. Der Sierra XR4 TI und der Scorpio 2.9 wurden speziell für die USA gebaut und dort von Juni 1987 bis Oktober 1989 über die Lincoln-Mercury-Händler angeboten (22.010 Exemplare), und zwar unter der neu geschaffenen Kunstmarke Merkur. Trotz der Schreibweise mit »k« war das eine unglückliche Wahl, weil sich »Merkur« kaum von der Ford-Traditionsmarke Mercury unterscheidet. Auch in den USA gehört der Scorpio zu den Ersten mit serienmäßigem ABS, und vier Scheibenbremsen waren in den USA damals ebenfalls unüblich. Den Kölner 2,9-Liter-V6 kannten die Amerikaner bereits, er trieb auch den Ford Ranger und Bronco an. Ford passte den Merkur Scorpio ein wenig dem US-Geschmack an, eigenständige Alufelgen, rot durchfärbte Plastikrückblende zwischen den Heckleuchten, Ghia-Ausstattung und Stoßfänger, die einen 5-mph-Unfall aushielten. Ford kalkulierte den Merkur Scorpio so, dass er genauso viel kostete wie ein Mercedes-Benz 190 E; die Händler konnten dann damit argumentieren, er habe weit mehr Motorleistung und Ausstattung. Merkur legte großen Wert auf die deutsche Qualität, von den Amerikanern sehr geschätzt, und platzierte am Scorpio ein Logo mit den Inschriften »Ford Werke AG Cologne, West Germany« und »Cologne Body & Assembly«. Die Chicago Tribune konstatierte, der Merkur Scorpio sei »the best car out of the Ford staple« – was sehr für ihn sprach, aber auch sehr gegen die US-Ford. Der Importstopp hatte weniger mit den nicht erreichten, erwarteten Verkaufszahlen zu tun, sondern mit dem Verhältnis des Dollars zur D-Mark. Dadurch wurde der Merkur Scorpio schlichtweg zu teuer, respektive Ford verdiente zu wenig daran (zuletzt war der Scorpio mit 28.500 Dollar fast so teuer wie ein Lincoln Town Car). Als dann noch die US-Auflagen kamen, 1990er-Modelle hätten Airbags und automatische Sicherheitsgurte haben müssen, entschied sich Ford USA für den Importstopp. 1987 wurden 5178 Wagen verkauft, 9516 waren es 1988 und bis zum Importstopp nochmals 7316. Den Markennamen Merkur ließ Ford zeitgleich sterben.

»Imported from Germany«: Cover des Merkur Scorpio-Prospektes vom März 1987, und gut zu sehen ist das Merkur-Emblem anstelle der Ford-Pflaume.

Ein kleiner Amerikaner mit gewagtem Design, das manche Kunden in Verzückung ausbrechen ließ und andere abstieß. So ist das, wenn man sich abseits des Mainstreams bewegt: Scorpio '95 mit Züricher Zulassung.

Scorpio '95: Der Walfisch oder Einer wie Keiner

Scorpio '95: Der letzte große Ford aus Europa. Und einer der individuellsten. Der Scorpio '95 sah, gelinde gesagt, anders aus. Anders als alle anderen Wagen seiner Klasse, aber eben auch anders als es der Mainstream-Automobilgeschmack vorgab. »Einer wie Keiner« lautete der Ford-Slogan. Den meinungsbildenden Autotestern gefiel er nicht. Und spätestens, als man dem Publikum sagte, der Scorpio '95 sei eine Geschmacksverirrung, empfanden es viele auch so. Wer äußerte, ihm gefalle der neue Ford, wurde schief angesehen. Dabei trieb er das typische 90er-Jahre-Design letztlich nur auf den Höhepunkt: Alles war weich und rundlich, die einzelnen Karosserieteile waren ineinander integriert, nichts stand mehr für sich allein. Heraklits Grundsatz »panta rhei«, alles fließt, trifft auf kaum ein anderes Autodesign besser zu als auf den Scorpio '95. Wenn Ford ihn als Merkur erneut in den USA angeboten hätte, wäre ihm dort sicherlich ein guter Erfolg beschieden gewesen. Er war mindestens so amerikanisch gestylt wie sein Urahn, der Ford Taunus 17m P2 von 1957 bis 1960. Aber während damals, ausgangs der 1950er-Jahre, alles Amerikanische in Westdeutschland als vorbildlich, gut, edel und schön deklariert wurde, war der automobile US-Geschmack in den 1990ern eben nicht mehr vorbildlich für Europa.

Ziemlich maritim waren die tierischen Vergleiche, die der Scorpio '95 (Produktionsbeginn November 1994) über sich ergehen lassen musste: Der Kühlergrill wurde als Fischmaul angesehen, die Linsenscheinwerfer als Fischaugen, das Heck erinnerte viele Betrachter an die Front eines Walfischs. Chrom erlebte am neuen Scorpio eine Renaissance, womit Ford zu den Europa-Pionieren gehörte. Rund acht Jahre später, um 2003 erschienene Neuwagen, beispielsweise von Opel, boten ebenfalls wieder Stoff für allsamstägliche Politurorgien vor dem Reihenhaus. Das Heck mit dem umlaufend gezeichneten Leuchtenband und dem sehr flächigen Karosserieabschluss war schon arg amerikanisch. Der Scorpio '95 polarisierte erneut, wie anfangs der Scorpio in seiner Urversion. Entweder man mochte ihn oder man lehnte ihn ab. Er bedeutete keine Alternative zu anderen Fahrzeugen seiner Klasse. Doch gab es eben überwiegend Betrachter, die ihn ablehnten. In 44 Monaten Bauzeit wurden keine hunderttausend Exemplare hergestellt. Heute wird der Scorpio '95 rückblickend mit Worten bedacht, die mit Aufgabe, Ende oder gar dem Tod zu tun haben. Damit wird man dem Wagen selber nicht gerecht, denn der Ford Scorpio war sicherlich ein gutes Auto. Doch er ist der letzte einer langen Reihe, und häufig wird für den Niedergang einer Dynastie der letzte Spross verantwortlich gemacht. Das ist der Ford Scorpio '95. Er ist der letzte große Ford.

Nun hieß er auch in Großbritannien nicht mehr Granada, sondern Scorpio. Zuvor hatte nur die Luxusausstattung, über dem Ghia angesiedelt, den Namenszusatz »Granada Scorpio« getragen.

Der letzte Scorpio, das 1998er-Modell mit abgedunkelten Scheinwerfern und der Grillumrandung in Wagenfarbe statt verchromt. Den Scorpio '98, gebaut zehn Monate lang zwischen September 1997 und Juni 1998, nahm die Öffentlichkeit nahezu nicht mehr wahr.

Köln spielte danach mit dem Gedanken, einen US-Ford in teutonisierter Form zu importieren, um das Segment der oberen Mittelklasse (oder unteren Oberklasse, wie man will) doch noch nicht aufzugeben, unterließ es aber. Im Gespräch war der Lincoln LS. Vauxhall in England beispielsweise importierte nach dem Ende des Omega (der in England Vauxhall Carlton hieß) einen australischen Holden. Er verkaufte sich nicht. Ein importierter US-Ford hätte sich auch nicht verkauft. Ford hatte ja schon seine Erfahrungen damit, siehe der amerikanische Probe als potentieller Capri-Nachfolger. Das war ebenfalls nur ein Achtungserfolg. Ein weiteres Argument: Jaguar gehörte damals zum Ford-Markenverbund, und Ford wollte mit einem Scorpio-Nachfolger nicht die Marktchancen des Jaguar S-Type beeinträchtigen. Ford redete sich die Aufgabe des Segments damals schön: Die Position des ehemaligen Scorpio hatten nun der Volvo (1999 bis 2010 zu Ford gehörig) und der Jaguar (1998 bis 2008 im Ford-Besitz) inne, beide damals Bestandteil der Premier Automotive Group (wie auch Aston Martin und Land Rover).

Im September 1994 wurden Ford-Händler ins Werk Niehl geladen, um den Neuen zu besichtigen, zu goutieren. Im November wurden die ersten Fahrzeuge produziert, öffentliche internationale Premiere hatte er auf dem Pariser Salon, öffentliche nationale auf der Berliner Autos, Avus, Attraktionen, beide im Oktober 1994. Am 14. Januar 1995 stand der Scorpio erstmals im Verkaufsraum der Ford-Händler. Interessant die Ford-Werbung: Der Premierenprospekt des Scorpio '95, datiert vom Oktober 1994, ist ganz anders als damalige Verkaufsprospekte waren: Der unhandliche Überformater mit zwölf Hochglanzseiten verzichtet fast vollständig auf Text und zeigt den neuen Scorpio in dunkelsten Farben, freigestellt vor schwarzem Hintergrund. Man kann fast von einem »Teaser« sprechen. Der zweite Prospekt kam einen Monat später, Drucklegung November 1994, noch unhandlicher, noch größer. Die Bildgestaltung wiederholt sich teilweise, aber nun gibt es Informationen über das Auto. Danach kehrte Ford zu den damals üblichen Prospekten im A4-Format zurück. Ford war die Einzigartigkeit des Designs durchaus bewusst, ein Wagnis, das seinen Ausdruck in Sätzen findet wie »Einer wie Keiner« oder »Ein neues Auto stellt sich vor. Schon der erste Blick sagt – dieses Auto hat seinen eigenen Stil«. Ford ging sogar so weit, dem Wagen keinen Heckschriftzug zu verpassen. Wozu auch? Den Scorpio erkannte ohnehin jeder. Selten hatte Ford so viel Mut, und das Wagnis hätte sich auszahlen können. Hat es aber nicht! Wer den Scorpio '95 mag, sagt: leider! Dabei war der Anfang vielversprechend, denn im ersten Halbjahr 1995 setzte Ford so viele Scorpios ab wie im kompletten Jahr 1994. Trotzdem: Bände spricht die Zahl 97 – auf diesem Rang in der bundesrepublikanischen Zulassungsstatistik landete der Ford Scorpio im ersten Halbjahr 1996. Ford offerierte nach wie vor ein Taxi-Paket, die Hamburger Polizei fuhr Scorpio und die bundesweite Bundespolizei auch – das waren die einfarbig minzgrünen Einsatzwagen, die hauptsächlich vor Bahnhofsgebäuden geparkt waren. Zwei Sondermodelle gab es, den Scorpio Style im Herbst 1995 und den Ghia Exclusive im Herbst 1996. Weiterhin nahm Coleman Milne den Scorpio als Basis für die bekannten Sonderaufbauten (Dorchester, Grosvenor und den Bestattungswagen Cardinal).

Im selben Monat, als die Produktion eingestellt wurde, erschien der letzte Prospekt, und zwar in tschechischer Sprache, Druckdatum Juni 1998. Das ist zumindest ungewöhnlich.

Die ungeliebte Schrägheck-Version entfiel beim Scorpio '95 ersatzlos, die 4x4-Mode war verflossen und fand somit auch keine Fortsetzung. Die Zeit der Ausstattungsvielfalt war ebenfalls vorbei. Es gab den Scorpio und Scorpio 24V sowie den Scorpio Ghia und Ghia 24V, jeweils als Stufenheck-Limousine und Turnier (in Großbritannien: Scorpio Executive, Scorpio Ghia und Scorpio Ultima) – dazu wieder diverse Ausstattungspakete. Die einzige Neuerung unter der Haube war ein 2-Liter-16V-Motor mit 136 PS. Der Werdegang des Scorpio '95: 2,3-Liter-16V mit 145 PS statt 2,0-Liter-16V im Juli 1996, 2,5-Liter-Diesel nun 125 statt 115 PS, 2,9-Liter-V6 (12- und 24-Ventiler) nur noch mit Automatik kombinierbar. Nach zwei Jahren, zur IAA 1997, erfolgte ein kleines Facelift zum Scorpio '98 – einem Fahrzeug, das an der Öffentlichkeit nahezu vorüberging. Der üppige Chromschmuck rund um den Kühlergrill verschwand, die Scheinwerfer wurden abgedunkelt, der vordere Stoßfänger wurde seitlich abgeflacht. Auch das durchgehende Chromband über der Rückleuchteneinheit wurde eliminiert, dazu neue Färbung der Gläser. Gleicher Preis für Fünfgang-Schaltung und Vierstufen-Automatik, weiterhin gleicher Preis für Limousine und Turnier. Ford sagte zum Scorpio '98: »Die Alternative in der Oberklasse: im Detail verbessert, aber immer noch Scorpio pur.« Zuletzt drei Modelle, Scorpio, Ghia und Ghia 24V, Letzterer runde 66.000 D-Mark teuer. Mit ein paar Luxusextras (Leder, Tempomat, Standheizung, heizbare Vordersitze, Parkpilot, Holzlenkrad, spezielle Räder und ein elaboriertes Audiosystem) konnte man daraus ein 80.000-Mark-Auto gestalten. Und dann noch die damaligen Farben, Auberginerot, Cassis oder Polarisgrau mit einem Schuss Violett – das war schon eine Alternative für denjenigen, der jenseits des Mainstreams unterwegs war, es aber genoss, seinen Wagen bei jedem Ford-Händler um die Ecke warten lassen zu können. Im letzten deutschen Prospekt vom Dezember 1997 steht: »Lassen Sie den Scorpio optisch auf sich wirken. Sie werden anerkennen: eine imponierende Gestalt.« Zu den Werksferien 1998, also im Juni, lief der Scorpio aus. Und im selben Monat, also im Juni 1998, ließ Ford noch einen grafisch völlig neu gestalteten Verkaufsprospekt in tschechischer Sprache drucken. Wurden vorproduzierte Haldenfahrzeuge dort verkauft?

Der Wagen war so unbeliebt, dass außer Ford-Händlern kein Marken-Konzessionär einen Scorpio gerne in Zahlung nahm. Und wenn, dann wurde er an freie Gebrauchtwagenhändler weitergegeben, die ihn nach Osteuropa exportierten. So mancher Autokonzern vertrat das Credo: Ein gebrauchter Scorpio kommt uns nicht auf den Hof. Der Wertverlust war immens. Einen Scorpio '95 fuhr man sinnvollerweise, bis er wirtschaftlich am Ende war. Das gilt für Deutschland. Es gilt nicht für Großbritannien. Die Briten empfanden den Scorpio '95 als hochseriösen und würdevollen Wagen. Sie schätzten ihn sehr – wenngleich auch dort das Design kontrovers diskutiert wurde. Doch in Großbritannien tendierte die öffentliche Mehrheitsmeinung eher dazu, Ford für seinen Mut zu diesem außergewöhnlichen Styling zu loben als zu diskreditieren. Wie beim Vorgänger waren alle britischen Scorpio deutsche Importfahrzeuge. Seit 1976 wurde in Dagenham kein großer Ford mehr gebaut.

Für manche ist der Scorpio der letzten Generation ein absurdes Automobil. Für andere bedeutet er Verheißung und Glück. Er ist noch nicht im Klassiker-Himmel angekommen. Selbst einen guten Wagen zu einem halbwegs angemessenen Preis verkaufen zu wollen, ist für den Verkäufer schwierig. Genau so war es beim Zweier-Granada auch. Und als die Szene dann endlich erkannte, was sie am Granada hatte, waren die guten und erschwinglichen Rentnerfahrzeuge längst weg, Rostkübel waren zu haben, und die guten Fahrzeuge befanden sich bereits in der Hand visionärer Liebhaber. So wird es beim Scorpio '95 auch sein. Wer sich für den Scorpio '95 bereits begeistern konnte, als er noch aktuell war, kaufte sich damals einen der letzten fabrikneu, stellte ihn in die Garage, pflegte ihn und fuhr manchmal mit ihm, am Wochenende bei gutem Wetter. Derjenige darf sich heute über ein einzigartiges Auto freuen.

Nun, nach so vielen Worten über die Ästhetik oder Unästhetik des Scorpio '95, muss unbedingt noch die Frage beantwortet werden, wer für das Design verantwortlich ist. Zu loben oder zu tadeln ist Gert Hohenester, als Designer bei Ford zwischen 1969 und 2006 beschäftigt, neben dem Scorpio '95 auch Schöpfer des 1995er-Galaxy und des 1994 erschienenen Contour, eines US-Derivats des Mondeo. Unter Chefdesigner Helmuth Schrader – der übrigens auch jenen Lincoln LS zeichnete, der den Scorpio hätte ersetzen sollen – war er verantwortlich für das Exterior Design der großen Ford in Europa.

Die Presse prügelte auf Hohenesters Scorpio-Design ein, es sei ein stilistischer Hammer, radikal hässlich, eine formale Provokation. Das Satire-Magazin Titanic fand sogar Ähnlichkeiten zwischen der Scorpio-Frontgestaltung und dem Gesicht des SPD-Politikers Günter Verheugen, der 1999 EU-Kommissar wurde. Das ist die eine Seite der Medaille, die Meinung der Meinungsmacher. Andere sahen im Scorpio '95 ein Auto für eine Minderheit, und Ford brachte die eigene Haltung und auch jene der potenziellen Scorpio-Kunden mit einem Slogan ganz gut auf den Punkt: »Nur wer hohe Ansprüche erfüllt, kann auch selbstbewusst auftreten.« So liebte beispielsweise das niederländische Königshaus den Scorpio, hatte im Fuhrpark neben etlichen Serienfahrzeugen auch diverse Langlimousinen von Coleman Milne und besitzt noch heute einen einzigartigen Scorpio Landaulet. Für Hohenester war der Scorpio Ausdruck eines Wandels, weg von der radikalen Aerodynamik und der gewollten Aggressivität, hin zu einem mehr markanten Styling; er sprach von einer »unverwechselbaren und in sich geschlossenen Formensprache«. Dass sich Ford dabei an der Form des Ovals orientierte, was schon 1960 beim Taunus 17m P3, der »Badewanne«, der Fall war, verwundert nicht angesichts des Markenemblems, der blauen, ovalen Ford-Pflaume.

Der Abgang von Ford aus der großen Klasse verlief alles andere als geräuschlos. Der letzte große Ford sorgte für kontroverse Diskussionen. Er war nicht Everybody's Darling. Er hatte Charakter. Ob man ihn mochte oder nicht: Er ist nicht einfach verblasst – er blieb im Gedächtnis. Es war ein guter Abgang.

Keine Hunderttausend

Der zweite Scorpio oder Scorpio '95 lief zwischen Oktober 1994 und Juni 1998 vom Band, insgesamt 98.587 Mal. Die 1994er-Stückzahl kann nur geschätzt werden, da bis Herbst 1994 noch der Vorgänger hergestellt wurde, circa 5.800 Exemplare. Genaue Zahlen existieren für die folgenden vier Modelljahre: 1995 waren es 44.521 Fahrzeuge, 1996 mit 21.746 nur halb so viele, ähnliche Zahl für 1997, nämlich 20.441 Scorpio und im halben Jahr 1998 liefen noch 6.079 Wagen vom Band. Ungefähr 80 Prozent der Fahrzeuge waren Turnier, der zum gleichen Preis wie die Limousine angeboten wurde.

Motordaten und Fahrleistungen Consul/Granada Erste Generation

Fahrzeugtyp, Herkunftsland	CONSUL (D)	CONSUL (D)	GRANADA (D)	CONSUL (D)	CONSUL/GRANADA (D)	CONSUL (GB)
Baujahr	1972–1974	1973–1974	1975–1977	1972–1974	1974–1977	1972–1974
MOTORENSPEZIFIKA						
Motortyp	OHV	OHV	OHV	OHC	OHV	OHV
landläufige Motorbezeichnung	»Kölner V4«	»Kölner V4«	»Kölner V4«	»Pinto-Motor«	»Kölner V6«	»Essex V4«
Zylinderzahl, Anordnung	4 (60° V-Form)	4 (60° V-Form)	4 (60° V-Form)	4 (Reihe)	6 (60° V-Form)	4 (60° V-Form)
Bohnung x Hub in mm	90 x 66,8	90 x 66,8	90 x 66,8	90,8 x 77	84 x 60,14	93,66 x 72,4
Hubraum in cm³	1699	1699	1699	1993	1988	1996
Leistung in PS/min	65/4800	75/5000	70 oder 75/5000	99/5500	90/5000	82/5000
Verdichtung	7,75:1	8,75:1	7,5:1 oder 8,75:1	9,2:1	8,75:1	9,0:1
Gemischaufbereitung	Fallstromvergaser Ford	Register-Fallstrom-vergaser Solex	Register-Fallstrom-vergaser Solex	Register-Fallstriom-vergaser Weber	Doppel-Fallstromvergaser Solex	Fallstrom-Register-vergaser Weber
Nockenwelle/Antrieb	zentrale Nockenwelle/ Stirnräder	zentrale Nockenwelle/ Stirnräder	zentrale Nockenwelle/ Stirnräder	Nockenwelle im Zylinderkopf/Zahnriemen	zentrale Nockenwelle, Stirnräder	zentrale Nockenwelle, Stirnräder
FAHRLEISTUNGEN DER LIMOUSINE (SCHALTER/AUTOMATIK)						
Höchstgeschwindigkeit in km/h	136	145/140	143/140	161/156	157/152	148/146
Beschleunigung 0-100 km/h in s	22	19/23	19,5/22	14/17	16,5/18,5	17,5/19,5
Verbrauch Liter/100 km Limousine Schalter	13	13	13	13,5	13	11,5

Fahrzeugtyp, Herkunftsland	CONSUL/GRANADA (D)	GRANADA (GB)	GRANADA (D)	GRANADA (D & GB)	GRANADA 2.8i (D)
Baujahr	1972–1977	1972–1974	1972–1977	1972–1974	1976–1977
MOTORENSPEZIFIKA					
Motortyp	OHV	OHV	OHV	OHV	2,8 Liter V6
landläufige Motorbezeichnung	»Kölner V6«	»Essex-V6«	»Kölner V6«	»Essex-V6«	»Kölner V6«
Zylinderzahl, Anordnung	4 (60° V-Form)	4 (60° V-Form)	4 (60° V-Form)	4 (60° V-Form)	4 (60° V-Form)
Bohnung x Hub in mm	90 x 60,14	93,66 x 60,35	90 x 66,8	93,67 x 72,42	93 x 68,5
Hubraum in cm³	2293	2495	2550	2993	1792
Leistung in PS/min	108/5000	120/5300	125/5000	138/5000	150/5700
Verdichtung	8,75:1	9,0:1	8,75:1	9,0:1	9,2:1
Gemischaufbereitung	Doppel-Fallstromvergaser Solex	Doppel-Fallstromvergaser Weber	Doppel-Fallstromvergaser Solex	Doppel-Fallstromvergaser Weber	Einspritzung Bosch K-Jetronic
Nockenwelle/Antrieb	zentrale Nockenwelle, Stirnräder	zentrale Nockenwelle, Stirnräder	zentrale Nockenwelle, Stirnräder	zentrale Nockenwelle, Stirnräder	zentrale Nockenwelle, Stirnräder
FAHRLEISTUNGEN DER LIMOUSINE (SCHALTER/AUTOMATIK)					
Höchstgeschwindigkeit in km/h	164/159	171/166	175/170	182/177	188/183
Beschleunigung 0-100 km/h in s	13,5/16	12,3/15,3	Dez 14	Nov 13	10,5/12
Verbrauch Liter/100 km Limousine Schalter	14	11,9	14,5	15	14,5

Motordaten und Fahrleistungen Granada Zweite Generation

Fahrzeugtyp	GRANADA	GRANADA	GRANADA	GRANADA	GRANADA
Baujahr	1977–1981	1981–1982 (Export weiterhin bis 1985)	1979–1985	1977–1985	1977–1985
MOTORENSPEZIFIKA					
Motortyp	OHV	OHC	OHC	OHV	OHV
landläufige Motorbezeichnung	»Kölner V4«	»Pinto-Motor«	»Pinto-Motor«	»Kölner V6«	»Kölner V6«
Zylinderzahl, Anordnung	4, 60° V-Form	4, Reihe	4, Reihe	6, 60° V-Form	6, 60° V-Form
Bohrung x Hub in mm	90 x 66,8	87,67 x 66	90,82 x 77	84 x 60,1	90 x 60,1
Hubraum in cm³	1699	1593	1993	1999	2294
Leistung in PS/min	70 oder 75/5000	75/5500	101/5200, ab Aug. 82: 105/5200	90/5100	108/5000, ab Aug. 1979: 114/5300
Verdichtung	7,75:1 oder 8,75:1	9,2:1	9,2:1	8,75-9,2:1	8,75-9,0:1
Gemischaufbereitung	Register-Fallstromvergaser Solex	Fallstromvergaser Ford	Register-Fallstromvergaser Weber	Doppel-Fallstromvergaser Solex	Doppel-Fallstromvergaser Solex
Nockenwelle/Antrieb	zentrale Nockenwelle, Stirnräder	Nockenwelle im Zylinderkopf, Zahnriemen	Nockenwelle im Zylinderkopf, Zahnriemen	zentrale Nockenwelle, Stirnräder	zentrale Nockenwelle, Stirnräder
FAHRLEISTUNGEN DER LIMOUSINE (SCHALTER/AUTOMATIK)					
Höchstgeschwindigkeit in km/h	144/148	149	166	157	164
Beschleunigung 0-100 km/h in s	14/17	19	13,5	16,5	14
Verbrauch Liter/100 km Limousine Schalter	13	13,5	13	13,5	14

Fahrzeugtyp	GRANADA	GRANADA	GRANADA	GRANADA	GRANADA
Baujahr	1977–1985	1977–1985	1978–1979 (ab 1980: nur Export)	1978–1982	1982–1985
MOTORENSPEZIFIKA					
Motortyp	OHV	OHV	OHV	OHV	OHV
landläufige Motorbezeichnung	»Kölner V6«	»Kölner V6«	»Peugeot-Diesel«	»Peugeot-Diesel«	»Peugeot-Diesel«
Zylinderzahl, Anordnung	6, 60° V-Form	6, 60° V-Form	4, Reihe, Wirbelkammer-Diesel	4, Reihe, Wirbelkammer-Diesel	4, Reihe, Wirbelkammer-Diesel
Bohrung x Hub in mm	93 x 68,5	93 x 68,5	88 x 80	90 x 83	94 x 90
Hubraum in cm³	2792	2792	1948	2112	2499
Leistung in PS/min	135/5200	160/5700, ab 1982: 150 PS	54/4500	63/4500	69/4200
Verdichtung	9,2:1	9,2 : 1	22,0:1	22,8:1	23,0:1
Gemischaufbereitung	Doppel-Fallstromvergaser Solex	Einspritzung Bosch K-Jetronic	Diesel-Einspritzpumpe Bosch	Diesel-Einspritzpumpe Bosch	Diesel-Einspritzpumpe Bosch
Nockenwelle/Antrieb	zentrale Nockenwelle, Stirnräder	zentrale Nockenwelle, Stirnräder	seitliche Nockenwelle, Stirnräder	seitliche Nockenwelle, Stirnräder	seitliche Nockenwelle, Stirnräder
FAHRLEISTUNGEN DER LIMOUSINE (SCHALTER/AUTOMATIK)					
Höchstgeschwindigkeit in km/h	183	193	127	137	143
Beschleunigung 0-100 km/h in s	11,5	10	32	27	22
Verbrauch Liter/100 km Limousine Schalter	14,5	15	10	11	12

Allgemeine Daten und Maße Consul/Granada Erste Generation und Granada Zweite Generation

Baujahr	1972–1975	1975–1977
Kraftübertragung	Heckantrieb	Heckantrieb
Schaltung/Getriebe	Mittelschaltung/4-Gang	Mittelschaltung/4-Gang
Automatik (optional):	Ford C3 Wandlerautomatik	Ford C3 Wandlerautomatik
Vorderradaufhängung	Doppel-Querlenker, Schraubenfedern, Querstabilisator	Doppel-Querlenker, Schraubenfedern, Querstabilisator
Hinterradaufhängung	Schräglenker, Schraubenfedern	Schräglenker, Schraubenfedern
Lenkung	Zahnstange, optional Servo	Zahnstange, optional Servo
Bremsen	vo. Scheiben, hi. Trommeln	vo. Scheiben, hi. Trommeln
Radstand in mm	2769	2769
Länge in mm Lim./Turnier	4572/4674, mit Hörnern 4646/4696	4572/4674, mit Hörnern 4646/4696
Breite in mm	1791	1791
Höhe Lim./Coupé/Turnier mit Normalfahrwerk in mm	1413/1389/1437	1416/1390/1437
Reifen	6,45-14(4 PR) oder 6,95 S 14 (4PR) oder 175 oder 185 SR 14 oder 195/70 HR 14	6,45-14(4 PR) oder 6,95 S 14 (4PR) oder 175 oder 185 SR 14 oder 195/70 HR 14
Leergewicht in Kilo	1190–1365, Turnier plus 75	1230–1365, Turnier plus 75
Baujahr	1977–1981	1982–1985
Kraftübertragung	Heckantrieb	Heckantrieb
Schaltung/Getriebe	Mittelschaltung/4-Gang	Mittelschaltung/4-Gang, ab Aug. 1982: optional 5-Gang (2.8i und 2,5 Diesel serienmäßig)
Automatik (optional):	Ford C3 Wandlerautomatik	Ford C3 Wandlerautomatik
Vorderradaufhängung	Doppel-Querlenker, Schraubenfedern, Querstabilisator	Doppel-Querlenker, Schraubenfedern, Querstabilisator
Hinterradaufhängung	Schräglenker, Schraubenfedern	Schräglenker, Schraubenfedern, S und 2.8i zusätzlich Querstabilisator
Lenkung	Zahnstange, optional Servo	Zahnstange, optional Servo
Bremsen	vo. Scheiben, hi. Trommeln	vo. Scheiben, hi. Trommeln
Radstand in mm	2769	2769
Länge in mm Lim./Turnier	4633/4752	4679/4799
Breite in mm	1791	1791
Höhe Lim./Coupé/Turnier mit Normalfahrwerk in mm	1416/1424	1416/1424
Reifen	175 SR 14, 185 SR 14, S: 190/65 HR 390 TRX	175 SR 14, 185 SR 14, S: 190/65 HR 390 TRX
Leergewicht in Kilo	1230–1325, Turnier plus 75	1230–1325, Turnier plus 75

Motordaten und Fahrleistungen Ford Scorpio Erste Generation

Fahrzeugtyp	SCORPIO 1,8	SCORPIO 2,0	SCORPIO 2,0i (KAT)	SCORPIO 2,5 D (2,5 TD)
Baujahr	1985–1987	1985–1989	1985–1994	1985–1994
Motorenspezifika				
Motortyp	OHC	OHC	OHC	OHV
landläufige Motorbezeichnung				»Peugeot-Diesel«
Zylinderzahl, Anordnung	4, Reihe	4, Reihe	4, Reihe	4, Reihe, Wirbelkammer-Diesel
Bohrung x Hub in mm	86,2 x 77	90,8 x 77	90,8 x 77	94 x 90
Hubraum in cm³	1796	1993	1993	2499
Leistung in PS/min	95/5400	105/5200	115/5500 (100/5100), ab 1989: 120/5500	69/4200 (92/4150)
Verdichtung	9,2:1	9,2:1(8,5:1)	9,2:1 (8,5:1), ab 1989: 10,3:1	23,0:1 (21,0:1)
Gemischaufbereitung	Weber-Register-Fallstromvergaser	Bosch L-Jetronic	Bosch L-Jetronic	Bosch Diesel-Einspritzpumpe
Nockenwelle/Antrieb	obenliegende Nockenwelle/Zahnriemen	obenliegende Nockenwelle/Zahnriemen	obenliegende Nockenwelle/Zahnriemen, ab 1989 2 obenliegende Nockenwellen/Kette	seitliche Nockenwelle/Kette
FAHRLEISTUNGEN DER LIMOUSINE (SCHALTUNG/AUTOMATIK)				
Höchstgeschwindigkeit in km/h	180	188/184	193/189 (175), ab 1989: 192/188	158 (172)
Beschleunigung 0-100 km/h in s	14	12/14,5	12/14 (14), ab 1989: 11,5/13,5	21 (14,5)
Verbrauch Liter/100 km Limousine	11	12	12 (13), ab 1989: 11	9 (9,5)

Fahrzeugtyp	SCORPIO 2,8i	SCORPIO 2,4i (KAT)	SCORPIO 2,9i (KAT)	SCORPIO 24V
Baujahr	1985–1986	1986–1994	1986–1994	1991–1994
Motorenspezifika				
Motortyp	OHV	OHV	OHV	DOHC
landläufige Motorbezeichnung	»Kölner V6«	»Kölner V6«	»Kölner V6«	»Kölner V6«
Zylinderzahl, Anordnung	6, 60° V-Form	6, 60° V-Form	6, 60° V-Form	6, 60° V-Form
Bohrung x Hub in mm	93 x 68,5	84 x 72	93 x 72	93 x 72
Hubraum in cm³	2792	2394	2933	2933
Leistung in PS/min	150/5800	130 (125)/5800	150/5700 (145/5500)	195/5750
Verdichtung	9,2:1	9,0:1 (9,5:1)	9,5:1 (9,0:1)	9,7:1
Gemischaufbereitung	Bosch L-Jetronic	Bosch LE-jetronic	Bosch LE-jetronic	Bosch LH-Jetronic
Nockenwelle/Antrieb	zentrale Nockenwelle/Kette	zentrale Nockenwelle/Kette	zentrale Nockenwelle/Kette	2 x 2 obenliegende Nockenwellen, Kette
Fahrleistungen der Limousine (Schaltung/Automatik)				
Höchstgeschwindigkeit in km/h	210/205	195/191 (191/186)	208/204 (204/200)	225
Beschleunigung 0-100 km/h in s	10,0/12,0	11/13 (11,5/13,5)	9,5/11,5 (10/12)	9
Verbrauch Liter/100 km Limousine	13/14	13/14	14,5/15 (14/14,5)	15

Motordaten und Fahrleistungen Ford Scorpio Zweite Generation (»Scorpio '95«)

Fahrzeugtyp	SCORPIO 2.0i/16V	SCORPIO 2.3i 16V	SCORPIO 2,5 TD	SCORPIO 2,9i	SCORPIO 2,9i 24V
Baujahr	1994–1999/1996	1996–1998	1994–1998	1994–1996	1994–1998
Motorenspezifika					
Motortyp	DOHC	DOHC	OHV	OHV	DOHC
landläufige Motorbezeichnung			»VM-Diesel«	»Kölner V6«	»Kölner V6«
Zylinderzahl, Anordnung	4, Reihe	4, Reihe	4, Reihe	6, 60° V-Form	6, 60° V-Form
Bohrung x Hub	86 x 86	89,6 x 91	92 x 94	93 x 72	93 x 72
Hubraum in cm³	1998	2295	2500	2935	2935
Leistung in PS/min	115/5500 / 136/6300	147/5600	115/4200, ab 1996: 125/4200	150/5500	207/6000
Verdichtung	9,8:1	10,0:1	21,5:1	9,5:1	9,7:1
Gemischaufbereitung	Ford-EEC elektronische Einspritzung	Ford-EEC elektronische Einspritzung	Garrett-Turbolader mit Ladeluftkühler	Bosch LE-Jetronic	Bosch LE-Jetronic
Nockenwelle/Antrieb	2 obenliegende Nockenwellen, Kette	2 obenliegende Nockenwellen, Zahnriemen	seitliche Nockenwelle, Kette	zentrale Nockenwelle, Kette	2 x 2 obenliegende Nockenwellen, Kette
Fahrleistungen der Limousine					
Höchstgeschwindigkeit in km/h	193/207	210	193	200	225
Beschleunigung 0-100 km/h in s	12,8/11,1	9,8	11,9	11	9
Verbrauch Liter/100 km Limousine	8,6/8,9	10,3	8	11,1	10,9